Petra Dietz
Eva-Grit Schneider

Mein
Meerschweinchen
zu Hause

bede bei Ulmer

Inhaltsverzeichnis

Vorwort

▶ Diese Knopfaugen lassen nicht nur Kinderherzen dahinschmelzen.

Meerschweinchen wurden bereits vor Jahrtausenden von Inkas und Indios als Haustiere gehalten. Allerdings schätzte man eher ihr Fleisch als ihr niedliches Aussehen. Im 16. Jahrhundert brachten dann spanische Eroberer unsere wuscheligen Quieker nach Europa. Dort eroberten sie im Laufe der Jahrhunderte die Herzen vieler Tierfreunde. Das Schweinchen, das über das Meer kam, ist heute eines der beliebtesten Heimtiere. Der Grund ist offensichtlich: Meerschweinchen sehen nicht nur süß aus, sondern sind auch clevere und gesellige Kerlchen. Wer kann diesen Knopfaugen schon widerstehen? Sie sicher nicht, schließlich lesen Sie gerade dieses Buch!

Sie möchten ein glückliches Meerschweinchen? Dann sollten Sie den kleinen Nager nicht zu Einzelhaft verurteilen. Meerschweinchen sind Gruppentiere, in Einzelhaltung werden sie depressiv und krankheitsanfällig. Überlegen Sie sich gut, ob Sie das Ihrem Schweinchen antun möchten.
Ein Haustier bringt viel Freude, aber es bedeutet auch Verantwortung für ein Lebewesen, das für die nächsten sechs bis acht Jahre zur Familie gehören wird. Neben Zeit und Zuwendung benötigen Sie aber auch das nötige Schweinchen-Know-How. Dieses Buch wird Ihnen nicht nur dabei helfen, das Verhalten Ihrer neuen Hausgenossen besser zu verstehen, sondern gibt Ihnen auch wertvolle Ratschläge in Sachen Anschaffung, Haltung, Pflege und Gesundheit.

Naturgeschichte der Meerschweinchen

Systematik

Meerschweinchen gehören zur Ordnung der Nagetiere und zeichnen sich damit durch eine besondere Gebissform aus. Alle Beißerchen wachsen permanent nach, so lange die kleinen Tiere leben. Eine Eigenschaft, die allen Nagetieren gemeinsam ist. Meerschweinchen sind Säugetiere und es gibt bei unseren Hausmeerschweinchen mehr als elf verschiedene Rassen: Angora, Peruaner, Mohair, Alpaca, Coronet, Sheltie, Merino, Texel, Englisch Kurzhaar, Rex, Teddy, Rosette, Englisch und Amerikanisch Schopf. Einige davon sind in Deutschland nicht anerkannt.

≫ Die wilden Verwandten dieses Knäuels kommen aus Mittel- und Südamerika.

Klasse:
Säugetiere (Mammalia)
Unterklasse:
Echte oder Höhere Säuger (Eutheria)
Ordnung:
Nagetiere (Rodentia)
Unterordnung:
Meerschweinchenverwandte (Caviomorpha)
Familie:
Meerschweinchen (Caviidae)
Unterfamilie:
Eigentliche Meerschweinchen (Caviinae)
Gattung: *Cavia*
Art: *Cavia aperea*
Unterart:
Hausmeerschweinchen (*Cavia aperea porcellus*)

≫ Meerschweinchen sind Nagetiere. Ihre Zähne wachsen immer nach.

≫ **Unsere Hausmeerschweinchen können doppelt so schwer werden wie ihre wilden Artgenossen.**

Rassen

Auch unser Hausmeerschweinchen hat wilde Vorfahren, das Wildmeerschweinchen, *Cavia aperea rschudii*, aus Mittel- und Südamerika. Dort bewohnen die niedlichen Nager trockene, warme Savannenregionen genauso wie kalte Hochregionen in den Anden. Sie ernähren sich hauptsächlich von Gras, Zweigen, Kräutern, Wurzeln, Früchten, Ästen und manchmal vernaschen sie sogar eine Kaktee. Die wilden Meeris leben in Höhlen und suchen auch in dichten Hecken oder Büschen Unterschlupf. Sie sind gesellig und leben in Gruppen von etwa

sechs bis maximal 20 Tieren. Für mehr als ein ausgewachsenes Männchen ist hier allerdings kein Platz. Kaum sind die kleinen Meerschweinchenmänner mit etwa drei Monaten aus dem Gröbsten raus, müssen sie bereits die Großfamilie verlassen und eine eigene gründen.

Wildmeerschweinchen sind dämmerungsaktiv, man bekommt sie allerdings auch mal bei Tage zu Gesicht. Sie sind zarter als ihre domestizierten Hausgenossen und wiegen zwischen 500 und 600 g, ein Hausmeerschweinchen kann immerhin 700 bis 1200 g auf die Waage bringen. Die Guyes (Riesenmeerschweinchen) bringen es allerdings auf bis zu 4 kg.

≫ **Man kann unter elf verschiedenen Rassen und zahlreichen Fellfarbschlägen wählen.**

≫ **Muss es ein Rassetier sein? Auch Mischlinge sind äußerst liebenswert und oft auch robuster.**

Hausmeerschweinchen sind nicht nur etwas kräftiger als ihre südamerikanischen Artgenossen, sondern haben auch eine höhere Lebenserwartung – sie werden etwa fünf bis acht Jahre alt. Robuste Tiere erreichen auch mal das zehnte Lebensjahr.

Niedlich sind alle Meerschweinchen, ob Mischling oder Rassetier. Wenn Sie sich für reinrassige Meerschweinchen begeistern, können Sie unter elf anerkannten Rassen wählen. Jede Rasse weist wiederum etliche Farbkombinationen sowie verschiedene Fellmerkmale auf (siehe auch Rassenportraits). Selbst die Augenfarbe kann variieren, nicht alle Meerschweinchen haben braune Knopfaugen. Abhängig von den Rassen sind auch rote oder blaue Augen möglich.

Geschichte

Meerschweinchen können auf eine lange Haustierkultur zurückblicken. Bereits vor 3000 bis 7000 Jahren schätzten in Südamerika die Inkas und Indios das Meerschweinchen als Haustier. Das war allerdings nicht ganz uneigennützig, denn die süßen Nager waren eine Delikatesse. Aber die Meerschweinchen waren nicht nur Nutz-, sondern auch Opfertier. Zu Ehren des Sonnengottes wurden die kleinen Tiere auf dem Altar geopfert. Archäologen fanden sogar mumifizierte Meerschweinchen, die wahrscheinlich als Grabbeigabe dienten. Sie wurden in den Hütten meist frei laufend gehalten und mit Küchenabfällen gemästet. Übrigens stehen die Mini-Schweinchen bei einigen südamerikanischen Familien auch heute noch auf dem Speiseplan.

Mit der Eroberung Mittel- und Südamerikas durch die Spanier gelangten die süßen Nagetiere im 16. Jahrhundert dann auch nach Europa.

Die putzigen Tiere fühlten sich in unseren Breitengraden sehr wohl und lebten sich rasch ein. Sie wurden als Spielzeug und zoologische Rarität gehalten und wurden schnell zu einer Attraktion der Wohlhabenden.

Die Engländer nannten sie „Guinee Pig", wahrscheinlich weil

>> Die ursprüngliche Heimat der Meerschweinchen ist Mittel- und Südamerika.

die exotischen Tierchen damals einen Guinee kosteten. Viel Geld für ein kleines Tier, das nichts weiter konnte, als einfach „nur" niedlich auszusehen. Die Holländer nannten das südamerikanische Nagetier „Meerzwjin". Man nimmt an, dass das Wort „Meer" eine Anlehnung an die weite Anreise über das Meer ist. Den Namensteil „Schwein" verdanken die Nager den quiekenden Lauten, die sie von sich geben. Später wurde dann aus Meerzwjin „Guinees biggetje". Die ersten Züchtungen gab es in den Niederlanden und Großbritannien, später wurde die Meerschweinchenzucht dann auch in Deutschland populär.

>> Bereits im 16. Jahrhundert kamen die ersten Meerschweinchen über den großen Teich zu uns.

Überlegungen vor dem Kauf

Auch die Kosten sind ein Aspekt, der bedacht werden muss. Neben den Futter- und Haltungskosten sollten Sie auch regelmäßige Tierarztkosten (Impfungen) und unerwartete Arztbesuche (Krankheiten, Verletzungen) einkalkulieren.

Auch wenn die Schweinchen offiziell Ihrem Kind gehören, sollten Sie sich darauf einstellen, dass Sie derjenige sein werden, der sich letztendlich um die Tiere und ihre Bedürfnisse kümmern muss.

Wer versorgt die kleinen Nager, wenn Sie verreisen oder ins Krankenhaus müssen? Sprechen Sie bereits vor der Anschaffung Freunde und Familienmitglieder an, ob sie gegebenenfalls „Meerschweinchen-Sitter" spielen möchten.

>> Unsere Hausmeerschweinchen können doppelt so schwer werden wie ihre wilden Artgenossen.

Für wen sind Meerschweinchen geeignet?

Das Meerschweinchen ist ein Heimtier, das Sie auch in einer Mietwohnung halten können. Vor der Anschaffung von Meerschweinchen sollten Sie jedoch abklären, ob ein Familienmitglied unter einer Tierhaarallergie leidet. Das erspart Ihnen und dem Tier später viel Leid. Nicht selten landen Tiere aufgrund einer Allergie im Tierheim.

Jedes Haustier bringt Freude ins tägliche Leben. Doch auch so kleine Tierchen wie Meerschweinchen haben Ansprüche an ihren Lebensraum und ihren Besitzer. Natürlich müssen die Meerschweinchen artgerecht gehalten und versorgt werden. Aber das alleine reicht nicht aus, um Meerschweinchen glücklich zu machen. Die Meeris brauchen außerdem Zuwendung, Auslauf und Gesellschaft. Das heißt für den Tierhalter, er muss seinem Nager täglich etwas Zeit widmen. Mit der Anschaffung eines Haustiers tragen Sie eine jahrelange Verantwortung, schließlich können die Kerlchen bis zu acht Jahre oder sogar noch älter werden.

>> Die kleinen Quieker sind nicht gern allein. Sie leben ursprünglich in großen Familienverbänden.

Wenn Sie sich ein Meerschweinchen anschaffen möchten, sollten Sie unbedingt in Erwägung ziehen, gleich mehrere Tiere zu kaufen. Meerschweinchen sind gesellig und leben von Natur aus in großen Familienverbänden. Die Einzelhaltung dieser Nager sollte aus Tierliebe vermieden werden.

» Tierhaltung heißt Verantwortung. Das müssen auch Kinder lernen.

Meerschweinchen als Spielgefährten?

Die putzigen Meerschweinchen sehen aus wie kleine Kuscheltiere, das macht sie bei Kindern besonders beliebt. Doch diese Tiere sind empfindsame Lebewesen und müssen dementsprechend behandelt werden. Meerschweinchen können für Kinder ein ideales Haustier sein, doch das ist abhängig von ihrem Alter und Verantwortungsbewusstsein.

Für Kinder, die das Grundschulalter noch nicht erreicht haben, eignen sich Meerschweinchen nicht.

Beobachten Sie, wie Ihr Kind mit dem Tier umgeht. Erklären Sie ihm, worauf es achten muss. Wird etwa ein Tier fallen gelassen, so kann das zu äußerst schmerz-haften inneren Verletzungen oder Rippen- und Knochenbrüchen führen, schlimmstenfalls endet das „Spiel" tödlich. Machen Sie Kinder darauf aufmerksam, dass die Tierchen kein Puppen- oder Stofftierersatz sind.

Für ältere Kinder sind Meerschweinchen hingegen ideal. Sie lernen nicht nur Verantwortung zu tragen, sondern erleben auch die Freude, die ein Heimtier mit sich bringt. Eine wertvolle Erfahrung, von der Ihr Nachwuchs sicher nur profitieren kann.

▶ ERFOLGSTIPP

Ganz wichtig: Meerschweinchen sind kein Spielzeug! Die kleinen Kerle haben ihren eigenen Kopf, und sie brauchen hin und wieder ihre Ruhe. Passen Sie sich den Bedürfnissen Ihrer Tiere an und Sie werden viel Freude an und mit ihren niedlichen Schweinchen haben.

» Ein Heimtier ist kein Spielzeug.

>> Ein zweigeschlechtliches Pärchen harmoniert meist sehr gut. Der Bock sollte kastriert sein, sonst gibt es schnell unerwünschten Nachwuchs.

Worauf man bei der Anschaffung achten sollte

Einzelhaltung macht unglücklich

Meerschweinchen leben von Natur aus in Gruppen von bis zu 20 Tieren. Es versteht sich von selbst, dass die Einzelhaltung für solch gesellige Tiere kein Vergnügen ist. Einzeln gehaltene Meerschweinchen können depressiv und krankheitsanfällig werden. Halten Sie Ihren haarigen Freund nicht alleine, sondern sorgen Sie für Gesellschaft. Zwei oder drei Meeris machen nicht viel mehr Arbeit als eins. Sorgen Sie nur dafür, dass der Käfig groß genug ist, und jedes Tier sein eigenes Schlafhäuschen hat, sonst ist Ärger vorprogrammiert. Wenn Sie mehrere Männchen halten möchten, sollten die beiden aus einem Wurf kommen oder zumindest Jungtiere sein, sonst gibt es später heftige Revierkämpfe. Zwei Weibchen, vor allem aus einem Wurf, vertragen sich in den meisten Fällen, aber auch hier kann es mal zu Reibereien kommen. Ein gemischtes Pärchen ist natürlich ideal, da stehen die Chancen für ein harmonisches Zusammenleben besonders gut. Lassen Sie den Bock jedoch kastrieren, da sonst sehr schnell Nachwuchs zu erwarten ist.

▶ GUT ZU WISSEN

Vertragen sich die Tiere überhaupt nicht, sollten Sie sie in getrennten Käfigen nebeneinander setzen. Dann können sie sich nicht beißen, aber immerhin noch riechen und über Quieken auch miteinander reden. Diese Kommunikation ist wichtig für die Tiere und gibt ihnen das Gefühl, dass sie nicht alleine sind.

▶ INFOBOX

Bei dem Thema „Kastration" scheiden sich die Geister. Da die Böcke bereits mit acht Wochen geschlechtsreif sein können, wäre das der logische Zeitpunkt für die Kastration. Doch dann sind die Tiere nicht ausgewachsen und die Geschlechtsmerkmale (Hoden) noch nicht ausgeprägt. Die Folge, neben dem gesundheitlichen Risiko wäre, dass das Tier sich nicht mehr optimal entwickeln kann. Die meisten Meeri-Besitzer raten daher, die Männchen nicht vor dem vierten bis sechsten Lebensmonat kastrieren zu lassen. Vor dem Eingriff müssen Männchen und Weibchen getrennt gehalten werden (Trenngitter, Zweitkäfig), da sonst ganz sicher Nachwuchs ins Haus steht.

> **GUT ZU WISSEN**

Direkt nach der Kastration können sich noch lebensfähige Spermien im Samenleiter befinden. Deshalb sollten Sie nach der Operation noch etwa sieben bis zehn Tage warten, bevor sie den kastrierten Bock zum Weibchen setzen.

Auswahlkriterien – Zoofachgeschäft, Züchter oder Tierheim

Zoofachgeschäft

Meerschweinchen, die Sie im Fachgeschäft erwerben, sind meist keine reinrassigen Tiere, sondern Mischlinge. Doch wenn Sie nicht züchten oder ausstellen möchten, spricht nichts gegen solch liebenswerte Hausschweinchen. Achten Sie immer auf die Haltung der Tiere. Käfige und Tiere sollten sauber sein. Dreckige Käfige, gammelige Futterreste und verschmutzte Tiere deuten auf eine mangelhafte Haltung hin. Leider kann das zur Folge haben, dass dadurch auch der Gesundheitszustand der Tiere beeinträchtigt wird. Da in einem Geschäft die Tiere sozusagen zum Greifen nah sind, lässt es sich nicht vermeiden, dass die Schweinchen mehrmals täglich von wildfremden Menschen angefasst und gestreichelt werden. Das vertragen manche Meerschweinchen, andere werden nervös und schreckhaft. Vor dem Kauf sollten Sie daher eine Zeit lang das Verhalten der Tiere beobachten. Informieren Sie sich über das Geschlecht Ihrer zukünftigen Hausgenossen. Lassen Sie sich nicht mit Sätzen wie „In dem Alter lässt sich das noch nicht erkennen" abspeisen. Normalerweise werden Jungtiere etwa ab der fünften Lebenswoche von ihrer Mutter getrennt, und in diesem Alter lassen sich die Geschlechtsmerkmale bereits erkennen.

Züchter

Der Kauf bei einem Züchter hat den Vorteil, dass man sich persönlich von der (artgerechten) Haltung der Meerschweinchen überzeugen kann. Aber auch hier sollte man Tiere und Unterbringung genau inspizieren, denn auch unter Züchtern kann es schwarze Schafe geben. Alter und Geschlecht der Meerschweinchen

sind den Züchtern in der Regel bekannt, und man hat die Möglichkeit, sich Geschwister aus einem Wurf auszusuchen. Züchter annoncieren in Zeitungen und im Internet. Auskünfte über Züchteradressen erteilt der Verein Deutscher Meerschweinchenzüchter.

>> Im Tierheim warten viele Meeris auf ein neues Zuhause. Fragen Sie den Pfleger welche Tiere besonders gut miteinander auskommen. So erspart man sich später Stress im Käfig.

Tierheim

Es müssen ja nicht immer Jungtiere sein. Ausgewachsene Meerschweinchen aus dem Tierheim freuen sich ganz besonders über ein neues, liebevolles Zuhause. Dann wissen Sie auch gleich, welche Tiere besonders gut miteinander auskommen. Das ist für die Haltung ein erheblicher Vorteil. Informieren Sie sich bei dem Pfleger über Geschlecht, Kastration und Krankheiten der Meeris.

>> Im Zoofachgeschäft bekommen Sie Zubehör für das Meerschweinchenheim

Privat

Nicht selten kommt es bei Meerschweinchenhaltern zu unerwünschtem und ungeplantem Nachwuchs. Diese Jungtiere werden über Zeitung oder Internet angeboten. Da die Halter mit den Tierchen kein Geld machen möchten, sondern nur ein schönes Zuhause für die Kleinen suchen, werden diese Meerschweinchen günstig abgegeben. Natürlich werden über Kleinanzeigen auch erwachsene Tiere angeboten, die umständehalber abgeben werden müssen. Vielleicht hat der Verkäufer sogar noch Zubehör übrig, das Sie für wenig Geld gleich miterwerben können. Fragen kostet nichts.

Checkliste für die Anschaffung von Meerschweinchen

Meerschweinchen, die apathisch rumsitzen und keinen Kontakt zu Artgenossen suchen, könnten krank sein. Wichtige Hinweise auf den Gesundheitszustand eines Tieres liefert sein äußeres Erscheinungsbild. Merkmale eines gesunden Meerschweinchens sind:

» Strahlende, klare, nichttränende Augen. Dichtes, sauberes Fell, das keine kahlen Stellen oder Krusten aufweist.

» Die Ohren sollten sauber, die Nase trocken und ohne Ausfluss (Schnupfen) sein.

» Schneidezähne und Krallen dürfen nicht zu lang sein, achten Sie auf Zahnfehlstellungen.

» Das Tier darf nicht humpeln und die Sohlen sollten entzündungsfrei sein. Schauen Sie sich auch die Kehrseite an.

» Eine verschmutzte Afterregion kann auf eine Durchfallerkrankung hinweisen.

» Der Bauch sollte weich sein. Ist er aufgebläht und verhärtet, ist das möglicherweise die Folge einer Magendarmerkrankung.

GUT ZU WISSEN

Kahle Stellen am Fell des Tieres können auf Parasiten hinweisen. Jedoch sind unbehaarte Stellen hinter den Öhrchen und unter den Füßchen normal!

» Für einen Laien ist es gar nicht so einfach, die Geschlechter auseinander zu halten.

Männchen oder Weibchen – Geschlechtsmerkmale

In der Regel sind die Meerschweinchen vier bis fünf Wochen alt, wenn sie abgegeben werden. In diesem Alter sind die Geschlechtsmerkmale bereits zu erkennen, „Experten" können dies sogar gleich nach der Geburt. Wenn Sie wissen möchten, ob Ihre ausgewählten Tiere Männchen oder Weibchen sind, müssen Sie dafür ihre Bauchseite inspizieren. Nehmen Sie das Tier behutsam hoch, legen es auf Ihren Schoß und drehen es auf den Rücken. Am unteren Teil der Bauchdecke haben die Böcke ihr Geschlechtsmerkmal in Form eines „i", ein feiner Schlitz mit einem großen Punkt (Penis) darauf. Bei einem Weibchen gabelt sich der kleine Schlitz und hat die Form eines „Y". Im Alter von etwa vier Monaten sind bei den nichtkastrierten Böcken dann auch die Hoden sichtbar, die rechts und links neben dem punktförmigen Penis liegen.

≫ Ob Männchen oder Weibchen – jedes Meeri hat seine eigene Persönlichkeit.

Welches Tier passt zu mir?

Wie wir Zweibeiner auch, hat jedes Meerschweinchen seinen eigenen Charakter. Viele Halter bescheinigen den Böcken ein anschmiegsameres Wesen und behaupten, dass die Damen etwas zickiger sind. Aber es gibt sicherlich Ausnahmen und mit etwas Geduld, wird vielleicht aus einer Zicke ein Schmuseschweinchen. Meerschweinchenböcke markieren ihr Revier mit Urin, dass kann manchmal auch den Artgenossen treffen. Das ist kein Versehen, sondern Absicht. Werden die Tiere kastriert, hört dieses Revierverhalten in der Regel auf. Bevor Sie sich Meerschweinchen anschaffen, sollten Sie wissen, dass Langhaarrassen aufgrund intensiver Fellpflege etwas mehr Zeit in Anspruch nehmen als andere.

▶ GUT ZU WISSEN

Männliche Tiere sondern über die so genannte Perinealdrüse ein Sekret (Smegma) zur Markierung ab. Diese Drüse liegt in den Perinealtaschen neben dem After. Die Perinealdrüse kann sich entzünden und verstopfen, was sich durch einen unangenehmen Gestank bemerkbar macht. Das heißt aber nicht, dass Böcke grundsätzlich stinken. Um eine Geruchsbildung zu verhindern, sollten Sie regelmäßig die Perinealtaschen mit einem in Babyöl getränkten Wattestäbchen ausräumen.

Meerschweinchen und andere Tiere

Hunde und Katzen

Meerschweinchen sind Fluchttiere. Ihre wilden Artgenossen sind vielen Gefahren ausgesetzt, dementsprechend schreckhaft sind auch die domestizierten Schweinchen. So ist es nur verständlich, dass die Tiere es nicht mögen, wenn sie von einem Hund oder einer Katze gejagt werden. Natürlich können „Räuber" und Nager aneinandergewöhnt werden, dennoch bleibt immer ein Restrisiko. Ein davonhuschendes Meeri kann auch in dem friedfertigsten Hund Jagdgefühle wecken. Auch Katzen sind eingefleischte Jäger und können gerade für Jungtiere eine tödliche Bedrohung darstellen. Lassen Sie Ihre freilaufenden Meerschweinchen nur unter Aufsicht mit einem Hund oder einer Katze alleine.

Vögel

Kleinere Piepmätze, wie beispielsweise Sittiche, stellen keine Bedrohung für Meerschweinchen dar. Eifersüchtige Papageien hingegen können schon mal nach den Nagern hacken. Das ist bei den Schnäbeln nicht ungefährlich. Lassen Sie das Schweinchen nicht unbeaufsichtigt laufen, wenn der Papagei gerade seinen Freigang beziehungsweise Freiflug genießt. Meerschweinchen haben ein sehr feines Gehör, andauerndes, lautes Zwitschern oder Pfeifen kann sie stressen.

≫ Bei dieser tierischen WG ist ein geräumiger Käfig wichtig. Kaninchen und Meerschweinchen müssen sich auch mal aus dem Weg gehen können.

>> Zwergkaninchen und Meerschweinchen können zusammen gehalten werden.
Aber ein Mümmelmann ist kein Ersatz für einen Artgenossen.

Kaninchen

Meerschweinchen und Kaninchen werden häufig in einem Käfig gehalten. Das verläuft auch meist problemlos, da beide Tierarten eine ähnliche Lebensweise haben. Auseinandersetzung zwischen dem Nager und dem Hasentier können jedoch vorkommen. Sorgen Sie unbedingt dafür, dass die Tiere in ihrem Käfig ausreichend Platz haben, damit sie sich auch aus dem Weg gehen können. Sie sollten jedoch wissen, dass ein Kaninchen kein adäquater Ersatz für ein anderes Meerschweinchen ist. Die geselligen Schweinchen fühlen sich unter ihresgleichen am wohlsten. Der Nager und das Hasentier sprechen nun mal eine andere „Sprache".

>> Anschaffung, Käfig,
Tierarzt, Futter
– auch kleine Tiere
kosten Geld.

Hamster und Ratte

Meerschweinchen sollten auf keinen Fall mit einem Hamster gehalten werden. Hamster sind Einzelgänger und nachtaktiv, das kann nicht gut gehen. Auch Ratten vertragen sich nicht mit den Meeris, eine Wohngemeinschaft geht nicht gut und kann für die Schweinchen ein blutiges Ende nehmen.

Was kosten Meerschweinchen?

Die Ausgaben beginnen bei der Anschaffung. Mischlinge aus einer Zoohandlung sind günstiger als Rassetiere, die sie bei einem Züchter erwerben. Auch Meerschweinchen aus einem Tierheim sind verständlicherweise nicht „umsonst", der Interessent muss eine Schutzgebühr entrichten. Neben den einmaligen Anschaffungskosten kommen dann noch Ausgaben für den Käfig, das Futter und den Tierarzt (Behandlungen, Kastration) hinzu.

Eingewöhnung

>> **Zu Hause angekommen, braucht das Meeri erst mal etwas Ruhe, um sich einzugewöhnen.**

Der Transport

Wenn Ihre Meerschweinchen sich mit Ihnen auf den Weg ins neue Schweinchen-Domizil machen, sollte das für die Tierchen möglichst stressfrei ablaufen. Besorgen Sie sich vor dem Kauf einen geeigneten Karton oder noch besser eine Transportbox (z.B. einen Katzenkorb), die können Sie später auch für Tierarztbesuche nutzen. Für welches Behältnis Sie sich auch entscheiden, es muss sicher zu verschließen sein, über ausreichend Luftlöcher verfügen und abgedunkelt werden. In der Dunkelheit fühlen sich die Tiere geborgener, weil die Box dann einer Höhle oder einem Bau ähnelt.

>> **In diesem Transportkäfig kommt der neue Mitbewohner sicher nach Hause. Sie können die Box auch mit einem Tuch abdunkeln, so fühlt sich der kleine Kerl geborgener.**

Außerdem können wechselnde Umwelteindrücke Ihre Tiere ängstigen und stressen. Begeben Sie sich mit Ihren neuen Mitbewohner auf dem schnellsten Weg nach Hause, muten Sie den sensiblen Tieren keinen längeren Transport zu als unbedingt notwendig.

Willkommen im neuen Zuhause

Bevor Ihre haarigen Lieblinge einziehen, sollte das neue Schweinchenheim bereits artgerecht eingerichtet sein. Sie können die Kerlchen sanft in den Käfig setzen. Besser wäre es jedoch, wenn Sie gleich die geöffnete Transportbox so in den Käfig stellen, dass die Meerschweinchen von alleine in ihr neues Zuhause marschieren können. Verständlicherweise möchte jetzt jeder gerne die neuen „Familienmitglieder" in Augenschein nehmen. Doch lassen Sie und Ihre Kinder den Tieren jetzt ausreichend Zeit, sich an die ungewohnte Umgebung zu gewöhnen und den Transportstress zu verarbeiten. Nach etwa zwei bis drei Stunden können Sie sich neben den Käfig setzen und leise mit den Tieren reden. Wenn Sie sie streicheln möchten, dann in den ersten Tagen nur im Käfig. Zeigen Sie den Tieren vorher die Hand und lassen Sie sie daran schnuppern. Vermeiden Sie hektische Bewegungen. Nach ein paar Tagen können die Schweinchen auch mal für kurze Zeit auf den Arm genommen werden. Sie werden merken, ob das den Tieren behagt, oder ob sie noch etwas Zeit brauchen. Wie schnell ein Meerschweinchen zahm wird, hängt abgesehen von der Behandlung auch vom jeweiligen Charakter ab. Draufgänger lassen sich recht schnell liebkosen, die Schüchternen brauchen etwas länger, um warm zu werden. Sie sollten auf jeden Fall den Wunsch nach Ruhe respektieren, sonst gefährden Sie das Vertrauensverhältnis zu den Tieren.

GUT ZU WISSEN

Setzen Sie in den ersten Tagen noch keine Schlafhäuschen in den Käfig, das erschwert das Zahmwerden. Denn die Meeris werden sich dort erst mal aus Angst verstecken. Besser: Bieten Sie ihnen kuscheliges Stroh an, da können sie sich verbergen, verlieren aber nicht den Kontakt zur Außenwelt.

Haltung

Optimale „Handhabung"

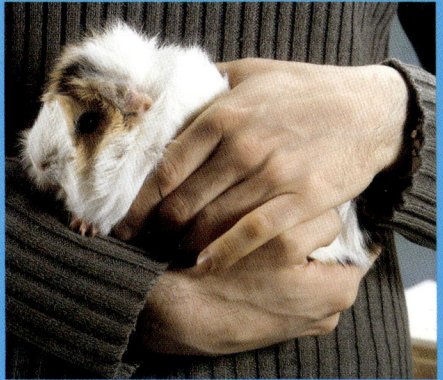

Heimtieranfänger sind oft etwas hilflos, wenn es um das richtige Tragen und Halten ihrer neuen Lieblinge geht. Bevor Sie ein Meerschweinchen hochnehmen, sprechen Sie beruhigend auf das Tier ein und lassen Sie es an Ihrer Hand schnuppern. Dann fassen Sie mit einer Hand unter den Bauch, heben das Tier an und stützen mit der anderen Hand das Hinterteil. Wichtig ist, dass Sie das Meerschweinchen fest im Griff haben. Drücken Sie den kleinen Kerl leicht gegen Ihren Oberkörper, das vermittelt ihm Geborgenheit. Ziehen Sie Meerschweinchen nicht an Nacken oder Beinen hoch. Umfassen Sie auch nicht mit beiden Händen den Körper des Tieres, dadurch könnte zuviel Druck auf den empfindlichen Bauch des Meerschweinchens ausgeübt werden und bei etwas grobem Umgang könnten sogar Rippen brechen.

Außen- oder Innenhaltung?

Wilde Meerschweinchen leben unter anderem in den Anden, dort herrscht ein raues Klima. Auch unsere domestizierten Schweinchen können unter gewissen Bedingungen ganzjährig draußen leben. Wichtig bei der Außenhaltung ist eine entsprechende Eingewöhnung. Meerschweinchen, die Innenhaltung gewöhnt sind, können Sie nicht im Winter einfach nach draußen setzen. Warten Sie mit der Umstellung bis zum Frühjahr, dann passt sich der Fellwechsel dem Jahreszeitenwechsel an und die Tiere werden beim nächsten Winter durch ein dichteres Haarkleid besser geschützt. Dennoch sollten Sie auch bei einer Außenhaltung zusätzlich einen Innenkäfig besitzen. Denn bei strenger Kälte oder Krankheit sollten die Tiere wieder reingeholt werden. Kommen sie für längere Zeit in die Wohnung, müssen die Meerschweinchen aus Anpassungsgründen auch bis zum Frühjahr drin bleiben. Da Meerschweinchen krasse Temperaturunterschiede nicht gut verkraften, sollten sie zunächst in einem kälteren Teil der Wohnung gehalten werden, und später dann in die geheizten Räume umquartiert werden. So haben die Tiere Zeit, sich an die veränderten Klimabedingungen anzupassen. Eines soll-

ten Sie bei der Außenhaltung bedenken: Die Meerschweinchen verlieren dadurch den Kontakt zum Menschen und werden scheuer. Außerdem werden Sie nicht so schnell auf Krankheiten aufmerksam wie bei der Innenhaltung, wo die Tiere unter ständiger Beobachtung stehen. Auch können sich die Meeris draußen schneller erkälten. Gefährlich ist dabei nicht die Kälte, sondern Zug und Nässe. Vielleicht entscheiden Sie sich für einen Kompromiss und setzen die Kleinen nur in der etwas wärmeren Jahreshälfte nach draußen.

≫ **Meerschweinchen vertragen keine großen Temperaturunterschiede.**

Es sind aktive und muntere Tiere, die viel Bewegung brauchen – auch außerhalb des Käfigs. Täglicher Auslauf ist für Körper und Seele der kleinen Nager ein Muss.

Käfigstandort

Der Käfig sollte weder im Durchzug, noch zu nahe an einer Heizung stehen. Die ideale Raumtemperatur für die Tiere liegt zwischen 18 und 26 C°. Wenn Sie die Wohnung lüften möchten, sollten Sie darauf achten, dass die Schweinchen keiner Zugluft ausgesetzt werden. Die sensiblen Tiere reagieren darauf oft mit einer Erkältung. Schützen Sie die Meeris aber auch vor direkter Sonnenbestrahlung, damit die kleinen Körper nicht überhitzt werden. Meerschweinchen haben einen ausgeprägten Geruchssinn und sollten Nikotingestank nicht ausgesetzt werden. Auch das Gehör der kleinen Kerle ist sensibel, stellen Sie den Käfig also bitte nicht neben die Stereoanlage.

Der Käfig: Je größer desto besser

Meerschweinchen brauchen Platz und Bewegung. Die Grundfläche des Käfigs sollte daher mindestens 90 x 60 oder 100 x 50 cm betragen, die Seitenwände sollten mindestens 45 cm hoch sein. Kleiner als die angegebenen Maße darf die Behausung nicht sein, schließlich handelt es sich ja um eine „Mehrparteienwohnung". Je größer der Käfig ist, desto besser. Die Tiere müssen genügend Raum haben, um sich auch mal aus dem Weg gehen zu können. Sonst gibt's Ärger. Die Wanne sollte etwa 12 bis 15 cm hoch sein, damit herumtobende Schweinchen nicht so viel Einstreu nach draußen wirbeln.

>> Je größer die Gruppe, desto geräumiger muss der Käfig sein. Jedes Meerschweinchen sollte seinen eigenen Unterschlupf haben, sonst gibt es Ärger.

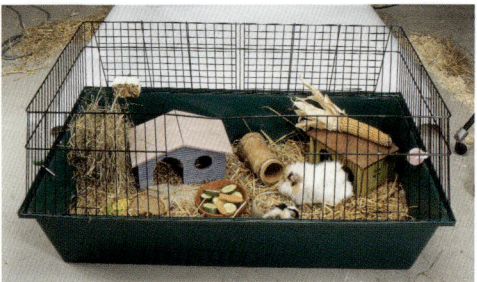

Ideal sind Käfige, die nicht nur von oben, sondern auch von der Seite geöffnet werden können. So können freilaufende Tiere nach Lust und Laune rein und raus laufen. Was das Material angeht, sollten Sie wenn möglich auf geschlossene Vollkunststoffkäfige verzichten. Sicherlich haben Sie dadurch weniger Dreck auf dem Boden, doch Ihren Tieren tun Sie damit keinen Gefallen. Diese Käfige werden schlecht belüftet, die Hitze staut sich und Lecksteine und Trinkflaschen lassen sich nicht daran befestigen. Entscheiden Sie sich für den klassischen Gitterkäfig oder eine Behausung Marke Eigenbau.

Ihre Meerschweinchen rennen panisch weg, wenn Sie sie durch die obere Käfigöffnung herausnehmen möchten? Das hat seinen guten Grund: Sie ähneln in Ihrem Verhalten einem Raubvogel, der vom Himmel hinab auf seine Beute stürzt. Besser: Bevor Sie das Tier herausnehmen, sollten Sie es an Ihrer Hand schnuppern lassen. Packen Sie es erst dann, und vermeiden Sie dabei hektische Bewegungen.

≫ Am besten „servieren" Sie die Mahlzeiten in einem schweren Napf. Den kann auch das stärkste Meerschweinchen nicht umschmeißen.

Käfigausstattung

Egal ob Außen- oder Innenhaltung, Ihre Meerschweinchen benötigen einiges an „Mobiliar". Bevor Sie mit der Einrichtung beginnen, müssen Sie Einstreu auslegen. Seien Sie damit großzügig. Die Einstreuschicht sollte mindestens vier Zentimeter dick sein, damit sich die Nager an ihren Pfoten keine Ballengeschwüre zuziehen. Als Futterzubehör benötigen Sie Näpfe für Grünfutter und Heu. Ideal ist eine Heuraufe. Es gibt Raufen, die aufgestellt oder am Käfig befestigen werden können.

Zusätzlich brauchen Sie eine Schale für das Trockenfutter. Verwenden Sie dafür Futterschalen aus schwerem Porzellan oder Ton. Der Napf muss so schwer sein, dass er nicht umgestoßen werden kann. Er sollte so groß sein, dass zwei Meeris daraus gleichzeitig fressen können. Aber er muss zu klein sein, um sich reinsetzen zu können. Sonst besteht die Gefahr, dass der Trog als Toilette missbraucht wird.

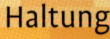

≫ Zur Ausstattung gehört
mindestens ein Trinkspender.

≫ Die kleinen Quieker gehen gern in Deckung.
Bieten Sie ihnen entsprechende
Versteckmöglichkeiten.

Je nachdem, wie viele Tiere Sie haben, sollten Sie ein bis zwei Trinkspender an den Gittern anbringen. Diese Trinkflaschen (mindestens 250 ml) eignen sich besonders gut, da darin das Wasser nicht so schnell verschmutzen kann. Hängen Sie die Flaschen nicht über den Futternapf, weil heraustropfendes Wasser das Futter durchnässen kann! Zusätzlich zu Futter und Wasser sollten Sie Ihren Schweinchen einen Salzleckstein besorgen, um eventuellen Salz- und Mineralmangel auszugleichen.

Meeris lieben Höhlen. Darin können sie sich zurückziehen, schlafen oder verstecken. Bieten Sie Ihren niedlichen Nagern einen adäquaten Ersatz in Form einer bodenlosen Schlafhütte an. Denken Sie daran, dass diese Häuschen heiß begehrt sind. Deshalb sollte jedes Tier seine eigene Hütte besitzen, sonst ist der nächste Krach schon vorprogrammiert. Die Ersatzhöhlen sollten nicht zuviel Platz im Käfig einnehmen, aber immerhin so groß sein, dass die Kerlchen nicht darin stecken bleiben können. Achten Sie darauf, dass die Schlafhütten aus nichtschädlichem Material bestehen, denn die Knabberfreude der kleinen Nager, macht auch vor ihren eigenen vier Wänden nicht halt.

≫ Der Leckstein gleicht
Salz- und Mineralmängel aus.

≫ Eine Heuraufe sorgt dafür, dass das Futter
nicht als Meeri-Matratze missbraucht wird.

Außenstall:
Draußen bei Wind und Wetter

Nicht jede Rasse ist für ganzjährige Außenhaltung geeignet, entsprechende Informationen erhalten Sie beim Züchter. Die meisten Meerschweinchen lassen sich jedoch draußen halten. Setzen Sie die Tiere aber erst im Frühjahr, spätestens im Sommer nach draußen, dann haben sie genügend Zeit, sich den Klimaverhältnissen anzupassen. Draußen sind Ihre Schweinchen Wind, Sonne, Regen und Kälte ausgesetzt. Damit die Tiere diese Umwelteinflüsse unbeschadet überstehen, müssen Sie einige Vorkehrungen treffen: Suchen Sie einen wind- und regengeschützten Platz aus. Der Stall sollte aus Holz und isoliert (z.B. mit Styropor) sein.

> ≫ Vorsicht: Nicht alle Rassen
> können draußen gehalten werden.

Verwenden Sie für das Holz nur unschädliche Imprägnierungen. Damit die Meeris keinem Räuber zum Opfer fallen, sollte der Käfig entsprechend sicher gebaut sein. Steht der Stall nicht überdacht, muss ein abgeschrägtes mit Dachpappe belegtes Käfigdach angebracht werden, an dem das Regenwasser abfließen kann. Zusätzlich können Sie einen Plastikvorhang anbringen, den sie bei niedrigen Temperaturen oder heftigem Regen zuziehen können.

Die Größe des Schweinchenfreiluftheims sollte der eines Innenkäfigs entsprechen. Bei der Gestaltung sind der Fantasie fast keine Grenzen gesetzt, schließlich sind Sie der Bauherr. Konstruieren Sie zum Beispiel eine schicke Behausung über zwei Etagen und schließen Sie noch ein Außengehege an, das über eine Rampe erreichbar ist. Achten Sie nur darauf, dass Sie keinen unnötigen Schnörkel einbauen, an dem sich Ihre Tiere verletzen können.

Damit die Schweinchen es gemütlich und warm haben, muss immer reichlich Stroh ausgestreut werden, in das sich die Tiere einkuscheln können! Auch hier sollten Sie den Tieren Schlafhütten als Rückzugsmöglichkeit aufstellen. Bei starker Kälte legen Sie am besten Decken vor den Käfig. Da im Winter die Möglichkeit besteht, dass das Wasser in einer Trinkflasche gefriert und der Behälter platzt, müssen Sie Ihren Nagern das Wasser in einer schweren Schale geben. Wechseln Sie das Wasser zweimal täglich, damit es nicht einfriert und nicht allzu sehr verschmutzt.

Beobachten Sie Ihre Tiere auch draußen ganz genau, damit Ihnen Krankheiten und Verletzungen nicht entgehen. Beschäftigen Sie sich ausreichend mit den Tieren, damit diese nicht allzu „wild" werden.

≫ Meerschweinchen haben es gerne sauber.

müssen Sie aber gründlich den Boden abspülen. Beim großen Käfigputz sollten Sie auch Näpfe und Trinkflasche säubern. Ecken (Kloecken) mit durchweichtem Einstreu sollten Sie auch zwischendurch sauber machen. Dann reicht es, wenn Sie den nassen Eintreu entfernen und durch frischen ersetzen. Hin und wieder sollten Sie auch die Käfiggitter reinigen, da diese mit der Zeit verschmutzen. Spritzen Sie sie in der Badewanne oder draußen mit einem Schlauch ab. Hartnäckigen Schmutz können Sie mit einer Wurzelbürste entfernen.

Käfigreinigung

Meerschweinchen sind saubere Tiere und leben nicht gerne in einem dreckigen Zuhause. Deshalb sollten Sie mindestens einmal in der Woche einen kompletten „Wohnungsputz" durchführen. Dazu gehört das Auswechseln der Einstreu und das Auswaschen der Unterschale. Verzichten Sie auf Reinigungs- und Desinfektionsmittel, der Geruch belästigt die feinen Näschen der Tiere und sie können schädliche Rückstände hinterlassen. Heißes Wasser und eine Bürste reichen völlig. Urinstein können Sie mit Essigsäure entfernen, danach

▶ GUT ZU WISSEN

Nutzen Sie als Einstreu eine Streu-Stroh-Kombination. Streuen Sie zuerst die Kleintierstreu (Weichholzspäne) ein, um Nässe und Geruch aufzunehmen und geben Sie darüber eine Lage Stroh. Das Stroh hält Ihre Tiere trocken, und sie können auch noch daran knabbern. Außerdem macht es weniger Dreck, da es nicht so leicht im Fell hängen bleibt und sich damit auch nicht in der ganzen Wohnung verteilt.

≫ Beim „Hausputz" das Häuschen und andere Verstecke nicht vergessen.

◾ INFOBOX

Täglich:	Durchnässte Einstreu gegen neue austauschen.
	Dreckiges und altes (Grün-) Futter gegen frisches austauschen.
Ein- bis zweimal wöchentlich:	Einstreu komplett wechseln.
	Unterschale und Futterutensilien sorgfältig reinigen.
Monatlich:	Häuschen und Gitterkäfige (Käfigoberteil) reinigen.

Auslauf für Meerschweinchen

In der Wohnung

Meerschweinchen haben einen großen Bewegungs-drang, deshalb dürfen sie auf keinen Fall nur in ihrem Käfig gehalten werden. In der Wohnung werden die Schweinchen erst mal auf Entdeckungstour gehen. Es gibt ja so viel Interessantes in der Menschenwelt zu erkunden. Leider auch einiges, von dem kleine Nager ihre Beißerchen lassen sollten, wie zum Beispiel gifti-ge Pflanzen und Kabel. Vor dem ersten Freigang Ihrer Tiere, sollten Sie daher den Laufbereich „meeri-sicher" machen. Um die aufgeweckten Kerlchen zu unterhal-ten und sie von unliebsamen Knabbereien abzuhalten, sollten Sie die Kleinen ausreichend beschäftigen und für ungefährlichen Nagespaß sorgen.

Haltung im Garten oder auf dem Balkon

Meerschweinchen lieben es, draußen im frischen Gras zu toben. Wenn Sie einen Garten haben, sollten Sie für die Kleinen ein Außengehege einrichten. Achten Sie darauf, dass dort keine giftigen Pflanzen wachsen (siehe Ernährung). Fertige Gehege können Sie im Zoofachge-schäft kaufen. Wenn Sie handwerklich geschickt sind, steht einem Auslauf Marke Eigenbau nichts im Wege. Auch das Käfiggitter (natürlich ohne Schale) lässt sich zum Freiluftgehege umfunktionieren. Achten Sie darauf, dass die Tiere aus dem Auslauf nicht aus - und Räuber nicht einbrechen können. Sichern Sie die Schweinchen auch von oben, damit sie nicht zur leichten Beute von Mardern, Hunden oder Greifvögeln werden.

Bei schlechtem Wetter sollten die Schweinchen wieder reingeholt werden. Schützen Sie die Tiere auch vor starker, direkter Sonnenbestrahlung. Es besteht sonst die Gefahr, dass die Nager einen Hitzschlag erleiden. An heißen Tagen muss der Auslauf im Schatten stehen bzw. einen Sonnenschutz haben. Bedenken Sie dabei, dass die Sonne wandert und sich damit auch die Sonneneinstrahlung ändert.

Wenn Sie Ihre Meeris auf dem Balkon frei laufen lassen möchten, muss der Auslaufbereich absolut sicher sein, damit die kleinen Kerle nicht hinunter-stürzen.

➤ Was für eine saftige Wiese. Dieser kleine Nager ist gerade im Meerschweinchen-paradies.

>> Vor dem Freigang muss der Auslaufbereich
auf „Meeritauglichkeit" geprüft werden.

▶ INFOBOX

Ihre Meerschweinchen sind in Ihrer Wohnung
vielen Gefahren ausgesetzt. Treffen Sie entsprechende Sicherheitsvorkehrungen, bevor Sie die
Schweinchen auf „freie Pfoten" setzen:

> Kabel jeglicher Art müssen hochgelegt
  oder umhüllt werden

> Elektrogeräte entfernen, Kaminfeuer und
  Kerzen löschen

> Kein Putzwasser oder Gießwasser
  mit Dünger stehen lassen

> Türen nur vorsichtig öffnen und schließen

> Meerschweinchen nicht hoch setzen,
  z.B. auf ein Regal oder Tisch (Sturzgefahr)

> Schlupfwinkel und Spalten zustellen

> Kein unverträgliches „Menschenfutter"
  herum liegen lassen, z.B. Süßigkeiten

Draußen „übersommern"

Natürlich können die Meerschweinchen auch den
ganzen Sommer draußen bleiben. Doch dann reicht
ein einfaches Auslaufgehege nicht mehr aus. Das Gehege sollte dann einem Außenkäfig entsprechen
(siehe Außenstall). Dass Sie auch draußen regelmäßig
das Gehege bzw. den Stall reinigen müssen, versteht
sich von selbst.

>> Der Auslauf sollte so ausgestattet sein, dass er nicht nur vor Sonne und Regen schützt, sondern auch vor
Feinden. In diesem nach oben offenen Gehege sollten die Tiere daher nicht unbeaufsichtigt toben.

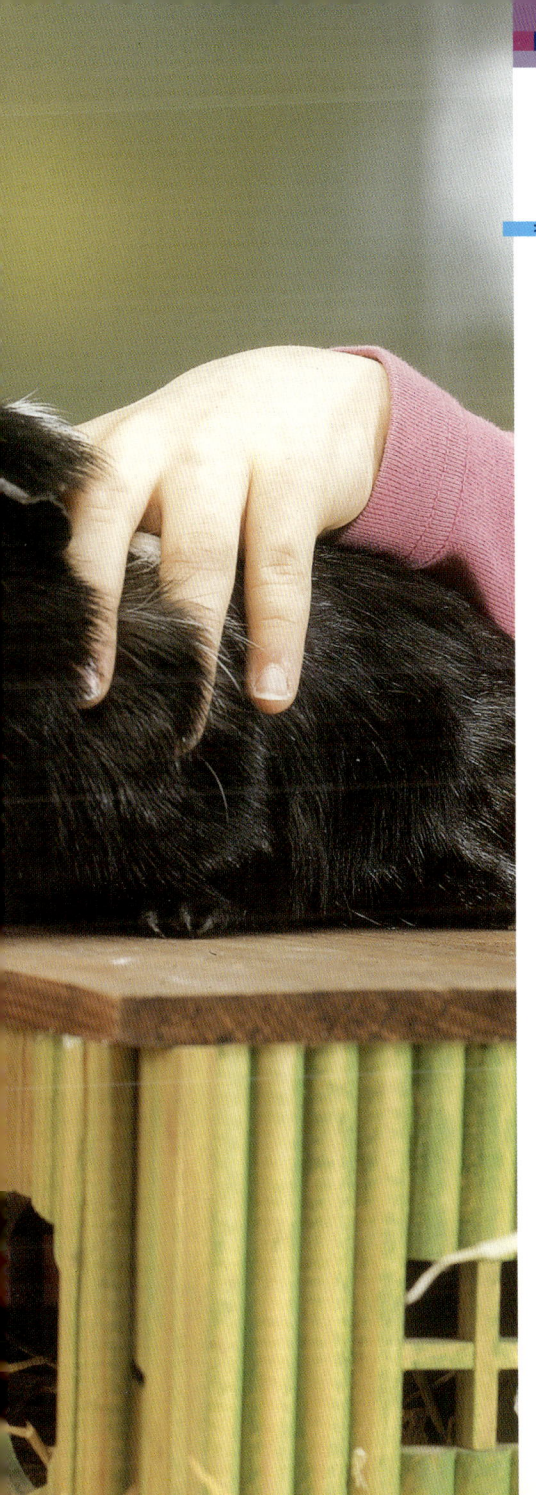

Erziehung

≫ Liebe, Geduld und Leckerlis sind sehr hilfreich bei der Erziehung kleiner Schweinchen.

Stubenreinheit

Meerschweinchen sind saubere Tiere und suchen im Käfig meist die gleichen Ecken auf, um sich zu „erleichtern". Diese Verhalten kann man nutzen, damit die Kleinen stubenrein werden. Aber: Nicht alle Meerschweinchen werden stubenrein. Sie sollten nicht enttäuscht sein, wenn es bei Ihren Schweinchen nicht klappt. Je jünger die Tiere sind, desto größer sind die Erfolgsaussichten. Ein Versuch ist es allemal wert: Stellen Sie im Auslaufbereich eine oder mehrere Toilettenschalen auf (z.B. offene Katzenklos), die mit Zeitungspapier und Kleintierstreu ausgelegt werden. Darüber kommt eine Lage Stroh, dadurch wird die Toilette etwas „meerschweinchenmäßiger". Zum „Anreiz" können Sie vorher schon mal ein paar Kotkügelchen hineinwerfen. Stellen Sie die Schale in eine bevorzugte Ecke und bebachten Sie die Tiere. Wenn ein Meeri Anstalten macht, sein Geschäft zu verrichten (lösen), setzen Sie es gleich in die Toilette. Wenn das Malheur bereits passiert sein sollte, heben Sie das Tier trotzdem in das Schweinchen-WC. Anschließend loben Sie es, und belohnen das Kerlchen mit einem Leckerchen. Vielleicht haben Sie ja Glück, und die Toilette wird zumindest fürs Urinieren angenommen. Dass das Tier aber hier und da seinen Kot hinterlässt, wird sich wohl kaum vermeiden lassen.

Meerschweinchen bei Fuß

Natürlich lassen sich Meerschweinchen nicht erziehen wie Hunde. Aber man hat gute Chancen, ihnen beizubringen auf Kommando zu kommen. Dabei macht man sich die Gefräßigkeit der kleinen Nager zu nutze. Da Meeris sich untereinander mit einem Art Pfeifen oder Pfiepsen verständigen, sollten Sie vielleicht als Kommandoton einen Pfiff wählen. Ein anderes markantes Geräusch tut es aber auch. Kurz bevor Sie Ihren Schweinchen ein Leckerchen geben, sollten Sie immer pfeifen. So werden die Tiere konditioniert. Das heißt, nach einiger Zeit wissen sie, dass das Pfeifen was Tolles ist, denn danach gibt's was zum Naschen. So können Sie die verfressenen Nagerchen zum Beispiel prima in den Käfig locken, wenn die Auslaufzeit vorbei ist.

Pflege

Fell

Meerschweinchen sind sehr sauber und putzen sich regelmäßig selbst. Kurzhaarige Tiere müssen Sie daher eigentlich nicht kämmen. Allerdings schadet es nicht, wenn Sie die Kleinen hin und wieder bürsten, dann können Sie die Meerschweinchen gleich nach Parasiten untersuchen. Im Herbst und Frühjahr sollten Sie einmal in der Woche zur Bürste greifen, um die Tiere bei ihrem zweijährlichen Fellwechsel zu unterstützen. Langhaarige Meerschweinchen, wie z.B. die Rassen Peruaner, Texel, Angora, Shelties oder Coronets, benötigen eine zeitintensive Fellpflege. Die hübschen Tierchen müssen täglich gekämmt oder gebürstet werden, eventuelle Fellknoten sollten Sie heraus-schneiden. Verfilztes Fell muss geschoren werden. Aber keine Sorge, das Fell wächst wieder nach. Lange Haarsträhnen, die den Tierchen in die Augen fallen, schränken das Sichtfeld ein und sollten gekürzt werden. Extrem lange Mähnen von bis zu 45 cm sind für die Meerschweinchen selber keine Freude! Die Tiere bleiben mit den Pfötchen in ihren Haaren hängen, können sich kaum mehr kratzen, und Futter und Streu verfängt sich in der lästig gewordenen „Fellpracht". Tun Sie Ihren Tieren einen Gefallen, und kürzen Sie die Haare mindestens auf Bodenlänge.

>> Regelmäßige Fellpflege ist bei langhaarigen Rassen besonders wichtig. Dabei können die Kleinen auch gleich auf Parasitenbefall untersucht werden.

Die Fellpflege ist für einige Meerschweinchen eine angenehme Mischung aus Streicheln und Wellness-Massage, die diese Tiere sehr genießen. Wenn Sie das bemerken, sollten Sie auch die pflegeleichten Kurzhaarschweinchen ruhig mal öfter „frisieren". So wird auch gleich die Mensch-Tierbindung gestärkt.
Für die Fellpflege erforderlichen Utensilien, wie Bürste/Bürstenhandschuh, Kamm und Schere sind im Zoofachgeschäft erhältlich.

Auf keinen Fall sollten Sie Ihre kleinen Nager baden. Das ist für die Tiere Stress pur. Sollten aus den Meerschweinchen aber all zu große Dreckschweinchen werden, können Sie den verschmutzten Körperbereich, z.B. hervorgerufen durch eine Durchfallerkrankung, mit einem feuchten Tuch säubern.
Bei Männchen sollten Sie regelmäßig die so genannte Perinealdrüse bzw. die Perinealtaschen kontrollieren. Diese Drüse sitzt neben dem After und produziert ein Sekret, mit dem die Böcke ihr Revier markieren. Wenn die Taschen verstopft sind, geht von den Tieren ein übler Geruch aus. Im eigenen Interesse und natürlich auch in dem des Tieres, sollten Sie verstopfte Perinealtaschen vorsichtig mit einem in Babyöl getränkten Wattestäbchen ausräumen.

≫ INFOBOX

Wenn sich eine intensive Reinigung absolut nicht vermeiden lässt, sollten Sie folgendermaßen vorgehen: Setzen Sie das wahrscheinlich völlig verängstigte Tier in eine kleine Schüssel, wo es festen Boden unter seinen Pfötchen hat. Spülen Sie nur die verdreckte Stelle mit lauwarmem Wasser aus. Benutzen Sie kein Waschmittel, im Ausnahmefall ein mildes Babyshampoo.
Bei parasitärem Befall wird der Tierarzt ein entsprechendes Shampoo verschreiben. Achten Sie darauf, dass kein Wasser, Waschmittel oder Parasitenmittel an Augen, Nase oder Ohren kommt. Danach trocknen Sie das saubere Schweinchen vorsichtig mit einem Handtuch. Achten Sie darauf, dass das Tier keinen Zug ausgesetzt wird!

≫ **Zahnkontrolle ist bei Nagern unerlässlich. Fehlstellungen müssen vom Tierarzt behandelt werden.**

Zähne

Meerschweinchen sind Nagetiere. Das heißt, sie besitzen außerordentliche Beißerchen. Die vier langen Schneidezähne und die 16 Backenzähne wachsen ständig nach, in der Woche zwischen ein und zwei Millimeter. Deshalb müssen die Tierchen auch ständig was zum Knabbern haben, damit sich die Zähnchen abreiben. Achten Sie unbedingt auf Zahnfehlstellungen (siehe auch Krankheiten). Die Backenzähne sind nur schwer zu kontrollieren, lassen Sie sich von Ihrem Tierarzt oder einem Schweinchen-Experten zeigen, wie es geht.

Krallen

Domestizierte Meerschweinchen haben kaum Gelegenheit, ihre Krallen richtig abzuwetzen. In der Natur geschieht dies durch Scharren oder Laufen über rauen Grund. Zu lange Krallen bergen aber ein Verletzungsrisiko und müssen regelmäßig zurückgeschnitten werden. Lassen Sie sich von Ihrem Tierarzt oder erfahrenen Meerschweinchenhalter zeigen, wie Sie das am besten bewerkstelligen – ohne Ihre Tiere zu verletzen.

≫ **Ein flacher, rauer Stein auf dem Käfigboden hilft den Meerschweinchen, ihre Krallen abzuwetzen. Reicht das nicht aus, müssen überlange Krallen gekürzt werden.**

Urlaub

Augen, Nase und Ohren

Eventuelle Verkrustungen an Augen und Nase sollten Sie sanft und vorsichtig mit einem feuchten Tuch entfernen. Ohrenschmalz ist völlig normal und darf auf gar keinen Fall mit einem Wattestäbchen entfernt werden.

≫ Schauen Sie sich rechtzeitig vor dem Urlaub nach verantwortungsvollen „Meeri-Sittern" um.

Ein Haustier bringt Freude, bedeutet aber auch dass man eine jahrelange Verpflichtung eingeht. Tiere dürfen nicht aus einer Laune heraus erworben werden. Die Anschaffung muss wohl überlegt sein. Zu viele Haustiere landen Jahr für Jahr im Tierheim – bestenfalls. Schlimmstenfalls landen sie auf der Straße oder in der nächsten Mülltonne. Schauen Sie sich schon vor der Anschaffung nach einem verantwortungsvollen und tierlieben Schweinchen-Sitter um. Fragen Sie in der Familie oder im Freundeskreis nach, wer bereit wäre, für die Kerlchen zu sorgen, wenn Sie im Urlaub sind oder ins Krankenhaus müssen. Informieren Sie die „Urlaubsvertretung" über ihre Aufgaben. Dazu gehört die Ernährung, die Käfigreinigung, der Auslauf und die richtige Handhabung. Bei langhaarigen Meerschweinchen muss auch die Fellpflege erörtert werden. Legen Sie Ihrem hilfsbereiten Sitter alle Utensilien bereit. Für alle Fälle sollten Sie ihm auch die Rufnummer Ihres Tierarztes geben. Lassen Sie Ihre Tiere wenn möglich in ihrer gewohnten Umgebung. Wenn Sie absolut niemanden finden, der auf Ihre Tiere aufpasst, fragen Sie bei Tierheimen oder Zoofachgeschäften nach, ob diese eine Pensionsmöglichkeit anbieten. Wenn Sie die Meerschweinchen in Pension geben, dann nur im eigenen Käfig. Dann haben die verängstigten Kerlchen in einer ungewohnten Umgebung wenigstens eine vertraute Behausung.

Verhalten

Schweinchen auf Reisen

Ortwechsel mögen die Meerschweinchen gar nicht, das ist für die Tiere absoluter Stress. Aber wenn Sie Ihre kleinen Nager unbedingt mit in Urlaub nehmen möchten, sollten Sie darauf achten, dass die Meeris keinem Zug und keiner prallen Sonne ausgesetzt sind. Lange Fahrten in brütender Hitze sind tabu. Am besten transportieren Sie die Meerschweinchen samt Käfig und Zubehör. Diese Dinge brauchen Sie vor Ort ja sowieso. Um den Reisestress besser zu verkraften, sollten Sie den Käfig abdunkeln. Aber Vorsicht: Es muss noch genügend Luft zirkulieren können, sonst kann es im Käfig zu einem gefährlichen Hitzestau kommen.

≫ **Meerschweinchen sind sehr gesprächig und brauchen die Unterhaltung mit Artgenossen. Einsame Schweinchen sind unglücklich und werden schneller krank.**

Meerschweinchen sind Rudeltiere. Sie marschieren im Gänsemarsch und leben in großen Verbänden. Artgenossen beruhigen die Tiere in Stresssituationen. Die regelmäßige Kommunikation mit den tierischen „Familienmitgliedern" ist für die süßen Nager sehr wichtig. Einzeln gehaltene Tiere werden depressiv und schneller krank. Jeder, der Meerschweinchen bereits beobachtet hat weiß, dass diese kleinen Kerle ganz gerne „Plappern". Diese Kommunikation ist wichtig für die soziale Bindung der Tiere untereinander. Die Geräusche, die sie dabei von sich geben, sind sehr vielfältig. Leises Glucksen bis aufgebrachtes Quieken, die Bandbreite der Schweinchensprache ist reichhaltig. Für das menschliche Gehör ist es schwierig, die unterschiedlichen Töne zu unterscheiden. Deshalb sollten Sie Ihren Schweinchen gut zuhören und lernen!

» Vorsicht: Wenn Meeris mit den Zähnen klappern, ist ihnen nicht kalt, sondern sie sind stinksauer.

» Lautsprache

Murmeln, Glucksen, sanftes oder leises Quieken:	Ihr Meeri ist rundum glücklich.
Mittellautes Quieken oder Pfeifen:	„Wo bleibt das Futter?" oder „Warum werde ich nicht gestreichelt?"
Schrilles und lautes Quieken:	Das Tier hat Angst oder Schmerzen.
Gurren:	Ein Ausdruck von Zufriedenheit. Meerschweinchen gurren aber auch, um sich selbst zu beruhigen, z.B. wenn Sie ein ungewohntes, lautes Geräusch vernehmen.
Hohes Quieken:	Alarm! Damit signalisieren die Meerschweinchen den Artgenossen, dass Gefahr im Anmarsch ist.
Knurren, mit den Zähnen klappern:	Vorsicht! Die Tiere sind jetzt gar nicht gut gelaunt. So zeigen Männchen unter anderem, wer im Revier das Sagen hat.
Zirpen:	Dieses Geräusch machen Meerschweinchen, wenn sie einer Stresssituation ausgesetzt sind. Man geht davon aus, dass sie sich mit dem Zirpen selber beruhigen wollen.

▶ ERFOLGSTIPP

Lernen Sie die „Schweinchensprache". Quieken ist nicht gleich Quieken.
Wer Laute und Verhalten seiner tierischen Hausgenossen versteht, versteht auch seine Bedürfnisse.

>> Körpersprache

Wiegeschritt:	Damit wollen männliche Schweinchen einer Dame imponieren. Wird aber auch als Begrüßungsritual eingesetzt.
Eine Vorderpfote anheben, auf die Hinterbeine stellen und sich groß machen:	Das ist Imponiergehabe und soll Rivalen zeigen, wie schrecklich groß (und gefährlich) sie doch sind.
Männchen machen:	„Bekomme ich kein Leckerchen?"
Luftsprünge, Zickzacklauf:	Das ist ein Meerschweinchen im Glück. Vor allem junge Tiere zeigen so, dass es ihnen richtig gut geht.
In Starre verfallen:	Das Tier stellt sich tot, um einen vermeintlichen Räuber (kann auch der Mensch sein) in die Irre zu leiten.

>> Gut oder schlecht drauf?
Die Körpersprache verrät es.

► ERFOLGSTIPP

Meerschweinchen sind Fluchttiere. Gehen Sie entsprechend behutsam vor. Hetzen Sie sie nicht durch die Wohnung, wenn Sie die Kerlchen einfangen möchten. Vermeiden Sie auch schnelle Bewegungen, die die Tiere erschrecken könnten. Das macht ihnen Angst und belastet das Verhältnis zum Zweibeiner.

>> Meeris lieben Höhlen.
Aber es muss nicht immer ein Häuschen sein.
Auch ein hohler Baumstamm ist ideal.

>> Mit einem Futterball können sich die Kleinen lange amüsieren.

Spiel und Spaß für Meerschweinchen

Verstecken

Neben einer Schlafhütte sollten Sie Ihren Meeris auch andere Schlupfwinkel anbieten, wie zum Beispiel einen ausgehöhlten Baumstamm, an dem man auch noch knabbern kann. Auch eine Pappröhre wird gerne angenommen. Bauen Sie mit Hilfe zweier Backsteine und einem kleinen Brett eine Kuschelecke. Auf die können die Meerschweinchen draufklettern und sich darunter verstecken. Lassen Ihrer Fantasie freien Lauf. Wichtig ist nur, dass sich die Tiere nicht verletzen können, und dass Sie unschädliches Material verwenden.

Knabbern

Die niedlichen Nager müssen für den Zahnabrieb ständig knabbern. Deshalb müssen Sie ihnen auch immer genügend „Knabberzeug" bereitstellen. Dazu eignen sich Nagesteine, Äste oder auch hartes, trockenes Brot. Je mehr artgerechter Nagespaß, desto besser.

Hindernisparcours

Meerschweinchen sind aktive Tiere, die Beschäftigung brauchen. Bauen Sie den Kerlchen doch einen kleinen Parcours, wo sie auf niedrige Hindernisse draufklettern (z.B. über eine Rampe) oder darunter herkriechen können (z.B. unter ein hochgestelltes Brett). Konstruieren Sie mit Bauklötzen ein Mini-Labyrinth, in dem sie Leckerbissen verstecken. Lassen Sie die Meeris jedoch nicht springen.

Außerdem sollten die Tiere wegen der Sturzgefahr keine großen Höhen überwinden müssen. Sind Ihre Schweinchen etwas träge, können Sie sie mit Leckereien anspornen.

Spür-Schweinchen

Lassen Sie die Schweinchen „arbeiten". Verstecken Sie ein Apfelstück oder eine Gurkenscheibe (vielleicht im Parcours).

> INFOBOX

Meerschweinchen legen ein für den Menschen merkwürdiges Verhalten an den Tag: Sie essen ihren Kot. Sie fressen allerdings nur den hellen, weichen Blinddarmkot. Dieser enthält Vitamin K und Vitamine der Gruppe B. Diese Vitamine sind für die Tiere lebensnotwenig. Es besteht also kein Grund zur Besorgnis. Ihre kotfressenden Schweinchen sind nicht verhaltensgestört. Ganz im Gegenteil, sie sind völlig normal und tun ihrer Gesundheit instinktiv etwas Gutes.

>> Der Weg ist das Ziel. Hier muss der kleine Kerl richtig arbeiten für sein Essen.

≫ Ein Labyrinth bringt Abwechslung in den Meerschweinchenalltag – vor allem, wenn am Ende ein Leckerbissen wartet.

≫ Fressen als Hauptbeschäftigung. Bis zu 100-mal wird gefuttert, oft auch noch nachts.

Ernährung und Ernährungsgrundsätze

Meerschweinchen nehmen viele kleine Mahlzeiten zu sich. Etwa 80- bis 100-mal am Tag wird gefressen. Die Kerlchen gehen sogar nachts noch mal auf Futtertour. Das ist normal und zeigt, dass Ihre Schweinchen gesund sind. Wichtig ist nur, dass Sie den Tieren eine ausgewogene Ernährung bieten. Das heißt, eine vernünftige Kombination aus Heu, Grün-, Saft- und Trockenfutter. Und hier und da natürlich auch mal ein paar Leckerchen, wie z.B. eine Traube oder eine Gurkenscheibe. Füttern Sie die Kleinen am besten mehrmals über den Tag verteilt (zwei bis drei Rationen), sonst verputzen die Leckermäulchen alles auf einmal und viel zu viel, was zu Verdauungsstörungen und Gewichtsproblemen führen kann.

Meerschweinchen haben ein empfindliches Verdauungssystem. Deshalb sollten Sie darauf achten, dass es keine plötzlichen Speiseplanumstellungen gibt. Beispiel: Bekommen die Tiere den Winter über kein frisches Grünfutter, müssen Sie die Schweinchen im Frühjahr erst wieder langsam daran gewöhnen, sonst kann es zu heftigen Verdauungsproblemen kommen. Außerdem darf die Nahrung nicht feucht, verdorben oder angeschimmelt sein, auch das verkraftet der empfindliche Magen-Darm-Trakt der kleinen Tiere nicht.

Heu, Raufutter

Diese Rohfaser sorgt für eine reibungslose Verdauung. Außerdem hat Heu kaum Kalorien und kann daher auch rund um die Uhr verfüttert werden. Ideal ist dafür eine Heuraufe, diese verhindert, dass es sich die Tiere im duftenden Heu gemütlich machen. Heu erhalten Sie in der Zoohandlung oder direkt beim Bauern. Vielleicht haben Sie aber auch Lust, Ihr eigenes Heu zu machen. Sammeln Sie dafür ungespritzte Gräser und Kräuter. Diese breiten Sie an einem trockenen Platz aus und wenden es regelmäßig. Wichtig ist, dass das Heu trocken ist.

> ## GUT ZU WISSEN
>
> Folgende Grünfutterpflanzen eignen sich als Heugrundlage: Gras, Löwenzahn, Klee (in Maßen), Bärenklau, Kamille, Huflattich, Salbei, Pfefferminze, Sauerampfer, Wegerich, Schafgarbe, Gänsefuß, Hirtentäschel und Sonnenblumen.

» Diese Kugel hält das Grünzeug schön sauber.

Grünfutter

Grünes Futter mögen die Meeris ganz besonders, allerdings darf es nicht wie das Heu rund um die Uhr verfüttert werden. Verteilen Sie rationierte Portionen über den Tag verteilt (zwei- bis dreimal). Achten Sie darauf, dass es ungedüngt und nichtgespritzt ist. Pflücken Sie wegen Autoabgasrückständen keine Pflanzen, die direkt neben einer vielbefahrenen Straße wachsen. Verwenden Sie nur Pflanzen, von denen Sie genau wissen, dass sie ungiftig sind. Seien Sie sparsam mit dem Klee, zu viel davon kann Blähungen auslösen. Wie bei allen Futtersorten muss auch beim Grünfutter darauf geachtet werden, dass es trocken ist. Kein regennasses Grün verfüttern.

Trockenfutter

Trockenfutter bzw. Fertigfutter ist im Handel erhältlich. Es besteht in der Regel aus Trockengemüse, geschrotetem Getreide und so genannten Pellets. Diese Pellets können auch einzeln verfüttert werden und bestehen aus gepresstem Grünfutter, Obst, Gemüse sowie Vitamin- und Nährstoffen. Aufgrund des Getreides ist Fertigfutter sehr gehaltvoll und kann zu Übergewicht führen. Ein bis zwei Esslöffel Trockenfutter täglich sind genug. Fressen die Tiere besonders viel Grünfutter, sollten Sie die Gabe von Trockenfutter reduzieren.

≫ Bringt ein Schweinchen zu viel auf die Waage, kann einmal die Woche ein Diättag eingelegt werden. Auf Trockenfutter sollte dann verzichtet werden, stattdessen gibt's Heu und Wasser.

Saftfutter

Obst und Gemüse ist so genanntes Saftfutter. Es enthält wichtige Vitamine und Nährstoffe. Auf das Verfüttern von Kohl sollten Sie ganz verzichten, es kann zu gefährlichen Koliken führen. Auch Salat sollte nur in Maßen angeboten werden, denn er ist häufig mit chemischen Rückständen belastet, daher bitte immer gut waschen.

Die niedlichen Nager ≫ lieben Salatgurken.

≫ Nicht zu viel Salat füttern. Auf Kohl sollte man ganz verzichten, er kann schmerzhafte Koliken auslösen.

Komkommers Gurken
Gurka Concombres Cucumbers

Knabberzeug

Die kleinen Nager brauchen reichlich Knabberfutter. Das ist wichtig für den Zahnabrieb und sorgt auch für Unterhaltung. Ungespritzte Zweige von Obstbäumen und einigen Laubbäumen (Birke, Buche, Haselnuss) eignen sich dafür hervorragend. Auch hartes, trockenes und nichtverschimmeltes Brot wird gerne genommen. Im Handel erhalten Sie für den Zahnabrieb auch so genannte Nagesteine, diese versorgen die Tiere gleichzeitig mit Mineralien.

▶ **INFOBOX**

Sollten Ihre Schweinchen zu pummelig geworden sein, legen Sie einmal in der Woche einen Diättag ein. Verzichten Sie an diesem Tag ganz auf Trockenfutter, weil es Getreide enthält und damit auch kalorienreich ist. Geben Sie den Tieren einfach nur Heu und Wasser. Reduzieren Sie die Beigabe von kalorienreichem (Getreide-) Futter, wie z.B. Maiskolben, Haferflocken oder hartes Brot. Eine strenge Diät vertragen die Schweinchen übrigens nicht. Besser Sie achten rechtzeitig auf eine ausgewogene Ernährung, damit Gewichtsprobleme erst gar nicht entstehen.

Folgende Pflanzen, Obst- und Gemüsesorten sind für Meerschweinchen giftig oder schädlich:

- Agaven, Aloe, Alpenveilchen, Amaryllis, Azalee,
- Berglorbeer, Besenginster, Blasenstrauch, Buchsbaum,
- Christrose, Chrysantheme,
- Efeu, Eibe, Eisenhut, Engelstrompete, Essigbaum,
- Farne, Fingerhut,
- Geranie, Goldregen,
- Hahnenfuß, Hartriegel, Heckenkirsche, Herbstzeitlose, Hortensie, Hyazinthe, Hülsenfrüchte (roh),
- Ilex (Stechpalme), Immergrün,
- Jelängerjelieber,
- Kalla, Kirschlorbeer, Kohl, Kartoffellaub -und triebe, Krokus,
- Lavendelheide, Lebensbaum (Thuja), Liguster, Lorbeer, Lupinen,
- Maiglöckchen, Märzenbecher, Mahonie, Meerzwiebel, Mistel, Mohn,
- Narzissen,
- Oleander,
- Passionsblume, Pfaffenhut, Porzellanblume, Primel, Pilze (giftige),
- Rhabarber, Rizinus, Rhododendron, Rittersporn,
- Sadebaum, Schneebeere, Schneeglöckchen, schwarzer Nachtschatten, Seidelbast, Sommerflieder, Stechapfel,
- Tollkirsche, Tomatenlaub,
- Wacholder, Weihnachtsstern,
- Zwergholunder

Was Sie bei der Ernährung grundsätzlich beachten müssen

- Heu dürfen die Tiere rund um die Uhr haben.

- Die Ernährung muss ausgewogen sein (Ballaststoffe, Vitamine).

- Genügend Knabbermaterial zur Verfügung stellen.

- Salzstein anbringen, damit die Meerschweinchen einen eventuellen Mineral- und Salzmangel ausgleichen können.

- Immer frisches Wasser bereitstellen (Trinkflasche), das gilt auch für das Außengehege.

- Die Tiere dürfen kein kaltes Futter fressen, wie z.B. Obst und Gemüse, das kurz vorher noch im Kühlschrank lag. Im Winter dürfen keine kalten, gefrorenen Äste verfüttert werden.

- Geben Sie kein verdrecktes, verschimmeltes oder feuchtes Futter (gilt für alle Futtersorten).

- Nicht gefressenes Grün- und Saftfutter nach ein paar Stunden aus dem Käfig entfernen.

- Nur artgerechte Nahrung anbieten. „Zweibeiner-Nahrung", wie z.B. Schokolade oder Kuchen sind tabu. Milch, auch verdünnt, ruft bei den Tierchen schweren Durchfall hervor.

- Gesunde und beliebte Leckerbissen sind z.B. Äpfel, Salatgurken, Erdbeeren, Trauben, Wassermelonen, Orangen, Ananas, Zucchini, Möhren, Birnen, Löwenzahn, Kiwi, Paprika, Petersilie.

▶ GUT ZU WISSEN

Wenn Sie Ihren Meerschweinchen auch in der kalten Jahreszeit Grünfutter bieten möchten, können Sie in einem Beetkasten eine kleine Futterwiese anlegen, z.B. mit Katzengras.

▶ GUT ZU WISSEN

Vorsicht vor Schädlingen im Heimtierfutter. Gerade Mehlmotten bzw. ihre Maden, finden sich hier und da mal in Trockenfutterpackungen. Diese Schädlinge befallen auch andere Lebensmittel. Wenn sie sich erst mal verbreitet haben, wird man sie nur schwer wieder los. Füllen Sie gleich nach dem Kauf Ihr abgepacktes Trockenfutter in einen verschlossenen Behälter um und untersuchen Sie es dabei gleich nach Schädlingen.

Rassen – Artenportraits

» **Teddy – der passende Rassename für so einen putzigen Nager.**

Auf die Fellfarbschläge der Meerschweinchen achteten bereits die Inkas. Tiere mit bestimmten Fellfarben eigneten sich zur Opferung, andere als Heilmittel. Die Ur-Hausmeerschweinchen waren kurzhaarig, es gab sie in Weiß, Rot, Braun, Gelb und in Wildfarben sowie in verschiedenen Fellscheckungen. In Europa begann man dann mit der Kreuzung von ausgewählten Tieren.

Je nachdem, auf welche Zuchtmerkmale man Wert legte, kamen dabei nicht nur zahlreiche Farbschläge heraus, sondern auch unterschiedliche Fellstrukturen. Heute gibt es Tiere mit langem, kurzem, glattem, gelocktem, gewelltem oder wirbeligem Fell. All diese Rassen können wiederum in unterschiedlichsten Farbschlägen vorkommen und außergewöhnliche Fellzeichnungen aufweisen. Ob Schildpatt, Safran oder Schoko, da bleibt kein Farbwunsch offen.
Am häufigsten verbreitet sind die kurzhaarigen Hausmeerschweinchen. Hübsche Mischlinge, die sich nicht zum Züchten eignen, aber ganz sicher zum Liebhaben.

» **Gelockt, gewirbelt oder glatt. Hausmeerschweinchen gibt es nicht nur in zahlreichen Farbschlägen, sondern auch mit unterschiedlichen Fellstrukturen.**

≫ Kurz- und glatthaarig – der Klassiker unter den Hausmeerschweinchen.

Mittlerweile gibt es zahlreiche Meer-schweinchenrassen. Zu viele, um hier alle Variationen namentlich erwähnen zu können. Deshalb beschränken wir uns auf eine Auswahl. Allen Rassen gemeinsam ist, dass sie in verschiedenen Farbvariatio-nen und mit abwechslungsreichen Fell-zeichnungen vorkommen. Sogar die Fell-beschaffenheit ist variabel. Einige Exem-plare tragen den Zusatz „Satin". Diese Satin-Meerschweinchen gibt es sowohl bei den langhaarigen, als auch bei den kurzhaarigen Tieren. „Satin" bedeutet, dass diese Meerschweinchen über eine besonders glänzende Haarpracht verfü-gen. Hervorgerufen wird der edle Glanz durch einen hohlen Haarschaft, der das Licht reflektiert und dadurch einen seidi-gen Schimmer erzeugt. „Satin" ist jedoch keine eigene Rasse, sondern nur ein Merk-mal wie Haarfarbe oder Fellzeichnung.

Wer sich intensiver mit den verschiede-nen Rassen beschäftigen möchte, kann sich an entsprechende Verbände oder (Hobby-) Züchter wenden (siehe Adressen und Links).

Kurzhaarige Rassen

Glatthaar (Englisches Meerschweinchen):
Etwa 3 cm langes, dichtes, anliegendes Fell.
Beliebteste und pflegeleichteste Rasse.

**Rosettenmeerschweinchen
(Abessinisches Meerschweinchen):**
Ewa 3,5 cm lange Haare. Auf dem Fell zeigen sich
acht bis zehn Wirbel, die so genannten Rosetten.
Diese Rasse ist seit Ende des 19. Jahrhunderts bekannt.

**Schopfmeerschweinchen
(Amerikanisch oder Englisch Crested):**
Glatthaarmeerschweinchen mit einem Wirbel auf dem
Kopf. Diese Stirnrosette bezeichnet man als Krone.

Rex:
Kurzes, gekräuseltes etwa 2cm Langes Fell,
kein Deckhaar. Bekannt seit Beginn
des 20. Jahrhunderts.

» Die „Frisur" des kleinen Kerls
weist zahlreiche Rosetten auf.

Langhaarige Rassen

» Das lange Fell eines Peruaners braucht viel Pflege.

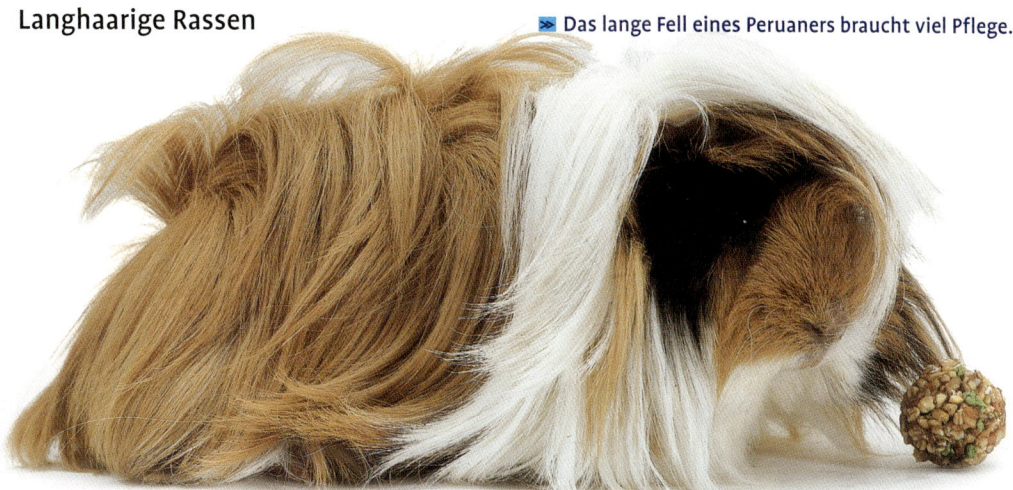

Angora:
Fell mit Wirbeln und einem Mittelscheitel, die Haare können bis zu 45 cm lang werden. Rasse wird nicht überall anerkannt.

Sheltie (Peruanisches Seidentier):
Glattes bis zu 18 cm langes Fell ohne Pony und Rosetten. Haare fallen nach hinten, sind am Kopf kürzer und werden hinter den Ohren länger, bilden am Hinterteil eine Schleppe.

» Glattes, langes Fell, das nach hinten fällt zeichnet die Shelties aus.

Peruaner:
Fell wird bis zu 18 cm lang. Mittelscheitel, hervorgerufen durch zwei Wirbel auf dem Rücken. Rasse ist seit Ende des 19. Jahrhunderts bekannt.

Alpaka:
Peruaner-Meerschweinchen mit gelocktem Fell. Ponyfransen und Rosetten an den Hüften.

Coronet:
Sheltie-Meerschweinchen mit Rosette auf dem Kopf (Krone).

Texel:
Kreuzung zwischen Sheltie- und Rexmeerschweinchen. Krauses, gelocktes bis zu 15 cm langes Fell. Haare am Kopf kürzer.

Merino: Texel-Meerschweinchen mit Krone.

Anatomie

≫ Großes Köpfchen und gedrungener Körper - so sollte ein Meerschweinchen gebaut sein.

Körperbau

Meerschweinchen haben einen gedrungenen Körper und einen verhältnismäßigen großen Kopf, der auf einem kurzen Hals sitzt. Ausgewachsene Tiere können bis zu 1200 Gramm schwer werden. Einige männliche Exemplare schaffen sogar noch ein paar Gramm mehr.

Zähne

Als Nagetier besitzt das Meerschweinchen zwei obere und zwei untere Schneidezähne, außerdem hat es 16 Backenzähne, allerdings keine Eckzähne. Das Besondere am Nagergebiss ist, dass alle Zähne kontinuierlich wachsen, so lange die Tiere leben. Innerhalb einer Woche können die Beißerchen etwa 1,5 mm wachsen. Deshalb benötigen die Tiere auch ständig was zum Nagen, dadurch werden die Zähne abgerieben. Angeborene oder erworbene Zahnfehlstellungen müssen behandelt werden (siehe Krankheiten).
Bei Meerschweinchen findet der Zahnwechsel übrigens schon im Mutterleib statt. Zwischen dem 43. und dem 48. Trächtigkeitstag kommt es zur Milchzahnausbildung. Ab etwa dem 55. Tag werden diese durch die „zweiten Zähne" ersetzt, die sie bis an ihr Lebensende behalten. Meerschweinchen werfen nach einer Tragzeit von 65 bis 72 Tagen.

Beine

Meerschweinchen haben kurze Beinchen (Läufe), mit denen sie sich aber erstaunlich flink fortbewegen können. Die Tiere haben vier Krallen und unter ihren Pfötchen haben sie Ballen, wie z.B. auch Hunde oder Katzen sie haben.

Augen

Meerschweinchen verfügen über eine gut entwickelte Sehfähigkeit. Ihre Augen sitzen seitlich am Kopf, dadurch haben sie ein weites Gesichtsfeld.

≫ Diese kleinen Knopfaugen sehen sehr gut und können sogar mehrere Farben unterscheiden.

>> Die süßen Öhrchen der Meerschweinchen sind ganz schön leistungsstark. Das ist auch notwendig, schließlich reden die Kleinen oft so leise, dass die Laute für das menschliche Gehör nicht mehr wahrnehmbar sind.

Sie können damit genau sehen, was neben und über ihnen los ist. Schließlich können Räuber von allen Seiten kommen. Was sich direkt vor ihrem Näschen so tut, können die Fluchttiere dagegen schlecht erkennen. Wie ihre wilden Artgenossen können sich auch die zahmen Schweinchen gut in der Dämmerung zurechtfinden.

In Tests hat man zudem festgestellt, dass Meerschweinchen die Welt in Farbe sehen. Sie erkennen Gelb, Grün, Blau und Rot.

Ohren

Meerschweinchen haben unbehaarte Öhrchen mit ausgesprochen großen Ohrmuscheln. Sie haben mehr Hörzellen als der Mensch und können Töne bis 33 kHz wahrnehmen. Wir Menschen schaffen maximal 20 kHz, dann vernehmen unsere Ohren nur noch Stille.

Nase

Meerschweinchen haben ein feines Näschen. Das ist auch notwendig, denn neben ihrer reichhaltigen Lautsprache kommunizieren die Tiere über Düfte. Mittels Duftdrüsen markieren sie ihr Revier und erkennen unter anderem Geschlecht und Familienzugehörigkeit ihrer Artgenossen.

Tasthaare

Die Tasthaare sitzen am Kopf und im Schnauzenbereich. Sie helfen den Meerschweinchen sich zu orientieren und Entfernungen abzuschätzen. In der Wildnis ist diese Fähigkeit wichtig fürs Überleben. Stoßen sie in einem schmalen Bau mit ihren Sinneshaaren an die Wände, wissen die Meerschweinchen, dass der Gang zu eng für sie ist. Würden sie stecken bleiben, wäre eine leichte Beute für Räuber, wie z.B. Greifvögel, Fuchs oder Marder.

Mein gesundes Meerschweinchen

➤ Von allem etwas. Eine ausgewogene Ernährung ist sehr wichtig für die Gesundheit der Tiere.

➤ Kein Appetit, apathisches Verhalten?

Das Schweinchen ist höchstwahrscheinlich krank und sollte sicherheitshalber vom Tierarzt untersucht werden.

Gesundheitsvorsorge

Natürlich wünschen wir uns, dass unsere Meerschweinchen gesund sind und das möglichst auch bleiben. Doch Krankheiten oder Unfälle lassen sich leider nicht immer vermeiden. Präventionen im Rahmen von Impfungen, wie z.B. bei den Kaninchen, gibt es bei den Meerschweinchen nicht. Aber Sie als verantwortungsbewusster Tierhalter können einiges zur Gesundheitsvorsorge Ihrer Meerschweinchen beitragen:

Ausgewogene Ernährung

Bieten Sie Ihren Schweinchen nur artgerechte Nahrung an. Menschenfutter, wie z.B. Süßigkeiten, ist tabu. Geben Sie den sensiblen Nagern kein verschimmeltes, verdorbenes oder feuchtes Futter. Für Ihre Fehler müssen die Tiere mit Blähungen, Durchfall und Koliken bezahlen. Verdauungsstörungen müssen Ernst genommen werden, sie können unter Umständen tödlich enden.

➤➤ Bei der Fellpflege sollte man auf Haut-und Fellverän-derungen achten.

Knabbern rund um die Uhr

Meerschweinchen brauchen für den Zahnabrieb artgerechtes Knabbermaterial – tagtäglich! Das verhindert Fehlstellungen und schmerzhafte Gebisserkrankungen. Zur Sicherheit sollten Sie regelmäßig die Zähne kontrollieren, vor allem wenn Sie ein verändertes Fressverhalten beobachten.

Sauberkeit

Reinigen Sie regelmäßig Käfig und Gehege Ihrer Meerschweinchen. Unsauberkeit ist häufig Ursache von Erkrankungen.

Wann muss mein Meerschweinchen zum Arzt?

Bisswunden, Durchfall - das sind offensichtliche Erkrankungen, auf die Sie reagieren können. Doch in den meisten Fällen sind Krankheiten nicht auf den ersten Blick zu erkennen. Und das gilt besonders für Meerschweinchen. Die kleinen Nager versuchen, eine Krankheit möglichst lange zu verbergen. Das hat seinen guten Grund: Wilde Meerschweinchen stoßen ein krankes Tier aus der Gruppe aus. Ein Verhalten, dass auch in den Genen unserer zahmen Schweinchen sitzt.

Deshalb sollten Sie Ihre Tiere regelmäßig auf verändertes Haarkleid, Aussehen und Verhalten beobachten. Bei Auffälligkeiten sollten Sie umgehend den Tierarzt aufsuchen.

▶ INFOBOX

Krankheitssignale

- Teilnahmslosigkeit, Appetitlosigkeit, Gewichtsverlust
- Speicheln in Kombination mit Appetitlosigkeit
- Stumpfes, struppiges Fell
- Haarausfall außerhalb des Fellwechsels, kahle Stellen (Parasiten)
- Entzündungen an Augen, Ohren, Mundwinkeln
- Schnupfen
- Durchfall
- Verstopfung (geringe Kotabsetzung)
- Zittern, Hecheln, Krämpfe
- Röchelndes, knackendes Atmen
- Harter, aufgeblähter Bauch

Gewichtsverlust ist ein Krankheitssymptom. Für uns ist es aber nicht leicht, zu erkennen, ob ein Tier abgenommen hat. Deshalb sollten Sie Ihre Schweinchen regelmäßig wiegen und das Gewicht notieren. Bei auffälligem Gewichtsverlust sollten Sie den Tierarzt aufsuchen.

Krankheiten

Magendarmerkrankungen

Meerschweinchen haben einen empfindlichen Margendarmtrakt. Unregelmäßigkeiten bei Fütterungen oder nicht artgerechte Ernährung schlägt sich bei ihnen häufig mit Blähungen, Koliken und Durchfall nieder. Bei Durchfall geben Sie dem Tier für ein paar Tage nur Trockenfutter und Heu, so lange bis der Kot wieder fest ist. Gewöhnen Sie den kleinen Nager wieder ganz langsam an „Mischkost". Das heißt, zunächst etwas Grünfutter und später auch Saftfutter. Vielleicht mag der Patient Kamillentee, der beruhigt Magen und Darm. Hält der Durchfall an, müssen Sie mit dem Meerschweinchen zum Tierarzt.

Ein harter aufgeblähter Bauch in Kombination mit Appetitlosigkeit deutet auf eine Kolik hin. Gehen Sie sofort zum Tierarzt, eine Kolik kann lebensgefährlich sein.

≫ Schnupfen: Für uns harmlos – für ein Meerschweinchen unter Umständen tödlich.

Erkältung

Fließschnupfen und häufiges Niesen deuten auf eine Erkältung hin. Eine „harmlose" Erkältung kann für die Schweinchen tödlich enden. Meerschweinchen bilden sehr schnell eine Lungenentzündung aus. Achten Sie auf rasselndes, knackendes Atmen. Bei Erkältungsverdacht gleich den Tierarzt aufsuchen. Vorsichtsmaßnahme: Die Tiere dürfen keinem Zug ausgesetzt werden!

Augenentzündung

Augenentzündungen können durch Zug hervorgerufen werden. Dann tränt das Auge und ist manchmal auch vereitert. Waschen Sie die verklebten Augen regelmäßig aus. Am besten nehmen sie dazu ein fuselfreies Tuch, das mit Kamillenlösung getränkt ist, entfernen Sie damit ganz vorsichtig den Schleim. Hören die Beschwerden nicht auf, sollten Sie sich vom Tierarzt eine Augensalbe verordnen lassen. Nach ein paar Tagen müsste die Entzündung dann abgeklungen sein.

Fußballenentzündung

Besonders übergewichtige Schweinchen leiden immer mal wieder unter rötlich entzündeten Ballen. Allerdings können auch kleine Verletzungen eine Entzündung hervorrufen. Die Fußballen müssen dann konsequent mit Wund- und Heilsalbe behandelt werden. Die Heilung kann langwierig werden.

▶ GUT ZU WISSEN

Kleinere Wunden können Sie selbst behandeln. Entfernen Sie die Haare um den verletzten Bereich und tragen Sie ein Desinfektionsmittel auf. Eine Wund- und Heilsalbe kann aufgetragen werden, wird aber unter Umständen von dem Meerschweinchen wieder abgeleckt werden. Eitrige Entzündungen und stark blutende Wunden müssen natürlich vom Tierarzt behandelt werden.

≫ Die Fußballen der Schweinchen sind besonders anfällig für hartnäckige Entzündungen.

Parasiten

Meerschweinchen sind für einige Parasiten im wahrsten Sinne des Wortes ein gefundenes Fressen. So genannte Ektoparasiten existieren auf und von Lebewesen. Ektoparasiten, die Ihre Meerschweinchen befallen können, sind Flöhe, Läuse, Milben und Haarlinge. Diese Schädlinge sollten bekämpft werden. Flöhe sind bei den Meeris eher selten zu finden. Doch wenn im Haushalt noch Hund, Katze oder Kaninchen leben, besteht die Gefahr eines Befalls.

Eine Infektion mit Läusen, Milben, Haarlingen oder Flöhen zeigt sich in heftigem und anhaltendem Juckreiz. Das Fell wird glanzlos, struppig, und es kann zu Haarausfall kommen. Die Tiere sind unruhig und kratzen sich teilweise bis sie bluten. Schlimmstenfalls magern die Tiere so sehr ab, dass sie sterben. Parasiten sind keine Lappalie, sondern eine ernst zu nehmende Krankheit, die vom Tierarzt mit einem Insektizid behandelt werden muss. Dabei ist es wichtig, den Anordnungen des Arztes genau Folge zu leisten. Diese Präparate sind giftig und dürfen nur äußerlich angewandt werden.

Wenn Ihre Tiere in der warmen Jahreszeit draußen sind, sollten Sie sie zwischendurch auch auf Zecken untersuchen. Diese lassen sich mit im Handel erhältlichen Zeckenzangen, wie sie auch für Katzen und Hunde benutzt werden, leicht entfernen. Bitte ziehen und reißen Sie nicht an den Zecken und verzichten Sie auf Hausmittelchen. Das führt meist zu unangenehmen Entzündungen.

Wurmerkrankungen sind bei Meerschweinchen relativ selten, können jedoch auftreten. Die Tiere nehmen ab, das Fell wird stumpf, und sie leiden unter Durchfall. Lassen sich Würmer im Kot finden oder zeigt ein Tier auffällige Symptome, müssen Sie den Tierarzt aufsuchen. Am besten nehmen Sie gleich eine Kotprobe mit.

▶GUT ZU WISSEN

Parasiten entdeckt man oft bei der Fellpflege. Bei Flohverdacht setzen Sie die Tiere auf eine helle Unterlage und kämmen das Fell sorgfältig aus. Achten Sie auf dunkle Pünktchen, die herausfallen, das könnte Flohkot sein. Einige Parasiten lassen sich auch mit bloßem Auge oder unter einer Lupe erkennen. Abhängig von der Fellfarbe ist das mal leichter, mal schwieriger. Denn Läuse und Flöhe sind dunkel, Haarlinge sind weiß. Milben werden Sie aber selbst mit Vergrößerungsglas nicht entdecken, diese Parasiten sind für uns nicht sichtbar.

>> **Ein Kaninchen ist kein Ersatz für ein anderes Meerschweinchen.**

Kokzidiose

Diese Krankheit wird durch einzellige Parasiten hervorgerufen, die sich in der Darmschleimhaut (Darmkokzidiose) oder den Gallengängen (Leberkokzidiose) einnisten. Sie entwickeln sich im Körper und werden mit dem Kot ausgeschieden. Innerhalb von zwei bis sechs Tagen reifen die Parasiten heran und können z.B. über den Einstreu oder das Futter wieder aufgenommen werden. Die Krankheit kann bei Tieren latent vorhanden sein und keine Beschwerden zeigen. Sind die Tiere geschwächt oder gestresst, kann es zum Ausbruch der Krankheit kommen. Bei der Darmkokzidiose kommt es zu Durchfall. Bei starkem Befall wird der Durchfall immer stärker, es wird auch Blut und Schleim ausgeschieden. Es kann zu bakteriellen Infektionen und starker Gasbildung kommen. Die Meerschweinchen magern ab. Jungtiere können daran sterben.

Von der Leberkokzidiose sind hauptsächlich ältere Tiere betroffen. Auch hier magern die Meerschweinchen ab, Durchfall ist eher ungewöhnlich. Das Tier zeigt Krankheitsanzeichen wie Apathie und Appetitlosigkeit. Die Krankheit kann einen tödlichen Verlauf nehmen.

Bei Verdacht sofort den Arzt aufsuchen (Kotprobe mitnehmen). Die Krankheit kann mit Sulfonamidpräparaten behandelt werden. Die Therapie schlägt nur an, wenn auch die hygienischen Bedingungen einwandfrei sind. Tägliche Reinigung ist ein Muss, damit die Tiere sich nicht immer wieder selbst anstecken.

Mundwinkelentzündungen (Lippengrind)

Lippengrind kann durch Vitaminmangel (C und A) hervorgerufen werden. Achten Sie auf eine entsprechende Ernährung. Tupfen Sie die entzündeten Mundwinkel mit einem in Kamillentee getränktem Tuch ab, und tragen Sie anschließend eine Wund- und Heilsalbe auf.

Hitzeschlag

Meerschweinchen können nicht schwitzen und überhitzen sehr schnell. Sind sie lange hohen Temperaturen bzw. praller Sonne ausgesetzt, besteht die Gefahr eines Hitzeschlags. Anzeichen dafür sind Apathie und starkes Zittern am ganzen Körper. Das Tier muss in den Schatten gebracht und mit nassen Handtüchern abgekühlt werden. Bringen Sie das Meerschweinchen sofort zum Tierarzt.

➤ Wenn ein Meerschweinchen nicht mehr frisst, können Zahnprobleme dahinter stecken.

Schiefhals (Torticollis)

Torticollis kann bei Meerschweinchen durch einen Geburtsfehler hervorgerufen werden. Während der Geburt wird der Kopf des Jungtieres leicht verdreht. Das kleine Meerschweinchen legt dadurch das Köpfchen schief zur Seite. In den meisten Fällen bildet sich nach etwa zwei Wochen die Muskelüberdehnung zurück. Allerdings gibt es auch Tiere, die ihr Leben lang unter einem leichten Schiefhals leiden. Mit Medikamenten ist dies nicht zu behandeln, allerdings zeigen physiotherapeutische Maßnahmen Wirkung.

Weitere Ursache für eine Kopfschiefhaltung ist eine Infektion, die den Gleichgewichtssinn der Tiere stört. Die Tiere legen den Kopf zur Seite und taumeln aufgrund von Gleichgewichtsstörungen. Da die Infektion durch Bakterien hervorgerufen wird, kann sie vom Tierarzt mit Antibiotika behandelt werden.

Zahnerkrankungen

Meerschweinchenzähne wachsen ein Leben lang. Deshalb müssen sie auch immer was zu knabbern haben, damit schleifen sie ihre Beißerchen ab. Dieser Abrieb entsteht durch mahlende Kaubewegungen aller Zähne. Dabei ist nicht die Härte des Futters entscheidend, sondern die Zeit, die das Tier zum Kauen benötigt. Umso länger es knabbern muss, umso besser ist der Zahnabrieb. Deshalb sollten Meerschweinchen auch viel rohfaserhaltiges Futter (Heu) bekommen, weil das Fressen von Rohfasern eine besonders intensive Mahlbewegung der Zähne erfordert. Ernsthafte Probleme mit überlangen Zähnen können auftreten, wenn das Tier zu wenig nagergerechte Nahrung erhält, oder wenn es aufgrund einer Erkrankung zu wenig frisst. Ohne den nötigen Abrieb werden aber nicht nur die Schneidezähne zu lang. Auch die Backenzähne wachsen weiter und entwickeln sogenannte Zahnspitzen, die zu schmerzhaften Entzündungen führen können. Ein zahnkrankes Meerschweinchen frisst deutlich weniger, weil es Schmerzen hat. Es magert ab und kann schlimmstenfalls verhungern. Überlange Schneidezähne oder Backenzähne müssen vom Tierarzt behandelt werden. Der Tierarzt schleift die Zähne ab. Kontrollieren Sie bei Ihren Meerschweinchen regelmäßig die Zahnstellung.

Wichtig: Eine angeborene Zahnfehlstellung wird immer wieder zu Zahnproblemen führen. Ihnen bleibt nichts anderes übrig, als Ihr Schweinchen regelmäßig behandeln (abschleifen) zu lassen.

Osteodystrophie

Dabei handelt es sich um eine vererbbare Knochenerkrankung, die bei Satinmeerschweinchen auftreten kann. Die Beinknochen sind weniger belastbar und werden brüchig. Betroffene Tiere bewegen sich kaum noch und haben offensichtliche Probleme beim Laufen. Ein weiteres Symptom ist eine Gewichtsabnahme trotz normalen Fressverhaltens. Die Osteodystrophie bricht innerhalb der ersten beiden Lebensjahre aus und ist unheilbar. Erkrankte Meerschweinchen sollten eingeschläfert werden, um ihnen ein qualvolles Dahinsiechen zu ersparen.

Nicht alle Satinmeerschweinchen sind von der Krankheit betroffen, sondern nur bestimmte Zuchtlinien. Nachkommen erkrankter Tiere sollten nicht in der Zucht eingesetzt werden, um eine Weitergabe des Osteodystrophie-Gens zu verhindern.

Meerschweinchenlähme (MSL)

Die MSL wird durch Viren übertragen und bricht nach neun bis 23 Tagen aus. Die hoch ansteckende Krankheit ruft eine Hirn- und Rückenmarksentzündung hervor. Symptome sind unter anderem Apathie, Gewichtsverlust, Appetitlosigkeit, Fieber, Atemnot, stumpfes Fell, Krämpfe und Lähmungserscheinungen an den hinteren Läufen. Die MSL ist nicht behandelbar, es existiert noch kein Impfstoff.

Meerschweinchenseuche (MSS)

Die hochansteckende Erkrankung wird auch als Meerschweinchenpest bezeichnet. Die MSS wird durch Viren hervorgerufen und bricht nach zwei bis 17 Tagen aus. Das betroffene Tier ist apathisch, leidet unter Atemnot, Gewichtsverlust, Appetitlosigkeit sowie Krämpfen der Nacken- und Beinmuskulatur. Zwei bis drei Tage nach Ausbruch der Seuche stirbt das Tier. Es gibt keinen Impfstoff.

► INFOBOX
Krankenpflege
Halten Sie sich an die ärztlichen Anordnungen.
Vorsicht mit Hausmittelchen. Halten Sie vor der
Anwendung besser Rücksprache mit dem Tier-
arzt. Es gibt für bestimmte Erkrankungen wir-
kungsvolle alternative Heilverfahren, sprechen
Sie Ihren Arzt darauf an. Lassen Sie das kranke
Meerschweinchen unbedingt in Ruhe. Erklären
Sie Ihren Kindern, dass das kleine Schweinchen
krank ist, und dass sie eine Zeit lang nicht mit
ihm spielen und schmusen dürfen.

Zoonosen

Zoonosen sind Erkrankungen, die vom Tier auf den
Menschen und umgekehrt übertragen werden können.
Eine Menschen-Erkältung ist für das Meerschweinchen
ansteckend. Sie sollten für die Dauer Ihrer Erkrankung
ein andere Person zum Schweinchen-Pfleger ernen-
nen. Ist das nicht möglich, sollten Sie einen Mund-
schutz tragen, wenn Sie die Tiere versorgen.
Meerschweinchen wiederum können an Pilzinfek-
tionen erkranken, die auch für den Menschen ansteckend sein können (und umgekehrt). Solche eine
Pilzinfektion zeigt sich bei den Tieren zunächst im
Kopfbereich (Nase, Augen, Ohren). Die Haut wird dort
schuppig, die Tiere kratzen sich vermehrt, und an den
betroffenen Stellen fallen die Haare aus. Bei Verdacht
sollten Sie gleich den Tierarzt aufsuchen. Desinfizieren
Sie Ihre Hände nach jedem Kontakt mit den Tieren und
ihrem Zubehör (z.B. Futternapf, Trinkflasche).

► INFOBOX
Notfallapotheke:
Desinfektionsmittel, Wund- und Heilsalbe, Ver-
bandsmaterial, Pinzette, Zeckenzange, Lupe,
Kamillenlösung (Kamillentee)

SOS: Wer Tiere hat, sollte immer eine ≫
entsprechende Notapotheke zu Hause haben.

Der endgültige Abschied

Der Verlust eines geliebten Haustieres tut weh. Schön, wenn das Tier ein gesundes, langes Leben hatte und friedlich einschläft. Leider ist nicht allen Tieren so ein Leben und so ein Tod vergönnt. Krankheiten oder Verletzungen können dem kleinen Freund große Qualen bereiten. Wenn offensichtliche keine Aussicht auf Heilung besteht, sollten Sie das Meerschweinchen einschläfern lassen. Ein schwere Entscheidung, die Sie aber Ihrem Tier zu Liebe treffen sollten. Bewahren Sie ihr Schweinchen vor unnötigem Leid.

• • • • •

Kleine Heimtiere, wie Hamster, Zwergkaninchen und auch Meerschweinchen, können im heimischen Garten beerdigt werden. Voraussetzung ist, dass das Tier mindestens mit einer 50 cm dicken Erdschicht bedeckt ist, und dass es nicht auf öffentlichen Plätzen, Anlagen oder in einem Wasserschutzgebiet vergraben wird. Besonders Kindern ist es ein Trost, wenn sie mit einer Beerdigung Abschied von ihrem geliebten Haustier nehmen können. Sie können das Meerschweinchen auch dem Tierarzt überlassen. Er wird das Kaninchen der Tierbeseitigungsanstalt übergeben, wo es verbrannt wird.

Zucht und Vermehrung

Überlegungen vor der Zucht

Jungtiere sind niedlich, da bilden Mini-Meerschweinchen keine Ausnahme. Doch der quiekende Nachwuchs ist nicht nur süß, er muss auch irgendwo untergebracht werden. Es gibt bereits genügend ungewollten Meerschweinchennachwuchs. Die Tierheime wissen ein Lied davon zu singen. Wenn Sie aber unbedingt züchten möchten und nicht nur eine geplante Vermehrung anstreben, sollten Sie sich mit erfahrenen Profis in Verbindung setzen. Diese können Ihnen erklären, worauf Sie bei der Zucht von reinrassigen Meerschweinchen achten müssen. Wichtig: Suchen Sie bereits vor dem Wurf für Abnehmer. Rechnen Sie dabei mit bis zu sieben Jungen, auch wenn es nachher nur zwei oder drei sind.

Die Deckung

Meerschweinchenweibchen werden bereits mit sechs Wochen geschlechtsreif. Lassen Sie sie aber auf keinen Fall so jung decken, das ist für das Tier lebensgefährlich. Der achte bis neunte Lebensmonat ist dafür ideal. Älter als ein Jahr darf ein Weibchen bei ihrem ersten Wurf jedoch nicht sein. Ab dem dritten Lebensjahr sollte die Meerschweinchenmama nicht mehr gedeckt werden. Meerschweinchenböcke sind übrigens ab etwa dem zweiten Lebensmonat geschlechtsreif.

≫ Zu viele ungewollte Meeris landen im Tierheim oder werden brutal „entsorgt".

Ein weibliches Schweinchen wird alle 16 bis 18 Tage brünstig. Es dürfte also schnell mit Nachwuchs zu rechnen sein. Nehmen Sie für die Zucht keine (nahe) verwandten Tiere. Wenn Sie selbst keinen unkastrierten Bock haben, können Sie sich einen ausleihen oder das Weibchen zum Vater in spe bringen (kurz vor der Geburt sollte der Bock vom Weibchen getrennt werden). Lassen Sie das „Liebespaar" ein paar Wochen zusammen, um auf Nummer sicher zu gehen. In dieser Zeit haben Sie Gelegenheit, die Balzrituale zu beobachten. Das Männchen wird die Dame mit knatternden Tönen umwerben und dabei wiegende Schritte nach vorne und hinten machen. Davon zeigt sich die Dame erst einmal wenig beeindruckt. Sie ist zunächst abweisend bis aggressiv. Das Männchen lässt sich davon in den meisten Fällen nicht beirren. Denn ist das Weibchen erst mal in der Hochbrunst, ist seine Chance gekommen.

Geburt

Wird das Weibchen gedeckt, zeigt sich bei ihr nach fünf bis sechs Wochen ein kleines Bäuchen. Die Tragezeit beträgt etwa 65 bis 72 Tage, die Dauer ist abhängig von der Wurfgröße. Meerschweinchen sind etwa doppelt so lang trächtig wie Kaninchen, was daran liegt, dass die Mini-Meerschweinchen schon fix und fertig auf die Welt kommen (Nestflüchter). Meerschweinchen machen deshalb auch kein großes Aufheben um die Geburt. Sie bauen kein Nest und zupfen sich auch keine Haare aus, damit die Kleinen es warm haben. Wenn die Wehen einsetzen, zieht sich das Weibchen in eine Ecke zurück und lässt der Natur ihren Lauf. Die neugeborenen Jungen sind mit einer Eihülle umgeben, die von der Mutter gleich nach der Geburt aufgebissen wird. Sollte sie das aus irgendeinem Grund nicht schaffen, müssen Sie die Hülle entfernen, da die Kleinen sonst ersticken. Wichtig: Trächtige Weibchen sollten keinem Stress ausgesetzt werden. Verzichten Sie und Ihre Kinder darauf, die werdende Mama umherzutragen oder mit ihr zu spielen. Das Gleiche gilt auch in den ersten Wochen für den Nachwuchs.

➤ So süß die Kleinen auch sind, die Nachwuchsfrage muss gut überlegt sein.

>> **Mama ist die Beste – auch für Meerschweinchen**

Aufzucht

Meerschweinchenmütter säugen ihren Jungen meist in der Hocke. Die Kleinen haben aber schon nach zwei, drei Tagen keine Lust mehr auf reine Milchnahrung. Sie wollen dann was Handfestes und machen sich über richtiges Schweinchenfutter her. Die Mini-Schweinchen gehen bereits nach kurzer Zeit mit ihrer Mama auf Entdeckungstour und lernen fürs Lebens. Die Mutter läuft voran, die Kleinen marschieren im Gänsemarsch hinterher. Dabei bleibt die Familie über leises Quieken miteinander in Verbindung. Nach etwa vier Wochen sind die Jungen entwöhnt, mit etwa fünf bis sechs Wochen sind sie selbständig. Das ist auch der Zeitpunkt, an dem die kleinen Quieker abgegeben werden. Warten sie noch ein paar Wochen, bevor Sie das Weibchen wieder decken lassen. Dann hat das Tier genügend Zeit, sich zu erholen.

▶ GUT ZU WISSEN

Wenn das Weibchen den Nachwuchs nicht annimmt oder bei der Geburt stirbt, sollten Sie es mit einer „Leihmutter" versuchen, die ebenfalls gerade Junge hat. Nehmen Sie die Waisenkinder und reiben sie sie vorsichtig an den Jungen der anderen Mutter.

Waschen Sie sich vorher die Hände, damit kein anderer Geruch an den Tierchen hängen bleibt. Legen Sie dann alle Jungtiere gemeinsam in das Nest der Leihmutter. Vielleicht haben Sie und der ausgestoßene Nachwuchs Glück im Unglück.

≫ Die Mini-Schweinchen sollten etwa sechs Wochen bei der Mutter bleiben.

Links

In den Suchmaschinen finden Sie jede Menge interessante und informative Internetseiten rund um die süßen Schweinchen. In entsprechenden Foren stehen Meeri-Freunde sowie Hobby- und Profizüchter den Meerschweinchenhaltern mit guten Ratschlägen und Tipps zur Seite. Hier nur eine kleine Auswahl.

www.nager-info.de
www.dmsl.de
www.meerschweinchenfreunde.de
www.meerschweinchen.in
www.meerschweinchen.com
www.cavias.de
www.meerschweincheninnot.de
www.meerschweinchen.ch
www.zzf.de
www.tierschutzbund.de

(Der Verlag ist nicht für den Inhalt der Links verantwortlich!)

Wer sich über regionale Meerschweinchenzucht und -ausstellungen informieren möchte, kann sich an folgende Adresse wenden:

Bundesverband Meerschweinchenfreunde Deutschland e.V. (MFD)
Postfach 250222
68085 Mannheim
www.meerschweinchenfreunde.de

Ein Tierheim in Ihrer Nähe kann Ihnen der Deutsche Tierschutzbund nennen:

Deutscher Tierschutzbund e.V.
Baumschulallee 15
53115 Bonn,
www.tierschutzbund.de

Informationen rund um Haustiere und über Zoofachgeschäfte erteilt:

Zentralverband Zoologischer Fachbetrieb e.V.,
Postfach 1420 • 63204 Langen
www.zzf.de

Buchtipps

BARTELS, A./G. GASSNER, Wohnen mit Meerschweinchen, Ulmer Verlag

DOMINIK KIESELBACH, Mein erstes Streicheltier zu Hause, bede bei Ulmer

CHRISTINE WILDE, Traumwohnungen für Meerschweinchen Ulmer Verlag

DR. DORIS QUINTEN, Meerschweinchenkrankheiten Ulmer Verlag

Impressum

Bibliografische Information der Deutschen Nationalbibliothek

Die Deutsche Nationalbibliothek verzeichnet diese Publikation in der Deutschen Nationalbibliografie; detaillierte bibliografische Daten sind im Internet über http://dnb.d-nb.de abrufbar.

© 2006, 2010 Eugen Ulmer KG
Wollgrasweg 41, 70599 Stuttgart (Hohenheim)
E-Mail: info@ulmer.de
Internet: www.ulmer.de
Titelfoto: Christine Steimer
Fotos Innenteil: Christine Steimer
Umschlagentwurf: Sojus Design, Kai Twelbeck, Stuttgart
Druck und Bindung: Litotipografia Alcione, Lavis
Printed in Italy

ISBN 978-3-8001-6978-8